MANUEL

DE

BOTANIQUE FORESTIÈRE

PAR

H. FLICHE

PROFESSEUR A L'ÉCOLE FORESTIÈRE DE NANCY

BOTANIQUE ANATOMIQUE ET PHYSIOLOGIQUE
GÉOGRAPHIE BOTANIQUE
BOTANIQUE DESCRIPTIVE : PRINCIPALES ESPÈCES FORESTIÈRES
DE FRANCE

BERGER-LEVRAULT ET Cie, LIBRAIRES-ÉDITEURS

PARIS
5, RUE DES BEAUX-ARTS.

NANCY
RUE JEAN-LAMOUR, 11.

1873

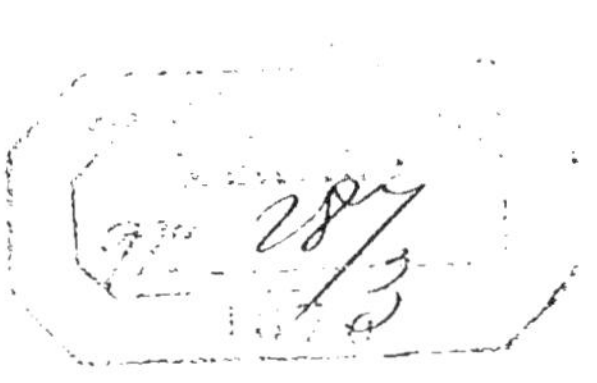

MANUEL

DE

BOTANIQUE FORESTIÈRE

Nancy. — Imprimerie Berger-Levrault et Cie.

MANUEL

DE

BOTANIQUE FORESTIÈRE

PAR

H. FLICHE

PROFESSEUR A L'ÉCOLE FORESTIÈRE DE NANCY

BOTANIQUE ANATOMIQUE ET PHYSIOLOGIQUE
GÉOGRAPHIE BOTANIQUE
BOTANIQUE DESCRIPTIVE : PRINCIPALES ESPÈCES FORESTIÈRES
DE FRANCE

BERGER-LEVRAULT ET Cie, LIBRAIRES-ÉDITEURS

PARIS — 5, RUE DES BEAUX-ARTS.

NANCY — RUE JEAN-LAMOUR, 11.

1873

PRÉFACE.

Le programme des études dans les écoles secondaires pour les préposés forestiers, indique des notions de botanique appliquées à la sylviculture et à l'étude des principales essences forestières de la France. C'est exclusivement pour servir à cette partie de l'enseignement que le présent Manuel a été rédigé. La tâche qui m'était imposée présentait de grandes difficultés. La botanique, même la plus élémentaire, suppose dans sa partie physiologique, des connaissances en physique et en chimie que ne possèdent pas en général les élèves des écoles secondaires ; comme toute science, elle exige l'emploi de termes spéciaux, ce qui effraie souvent les intelligences les plus cultivées, et, à plus forte raison, doit sembler difficile à des esprits peu habitués aux questions scientifiques.

J'avais d'abord songé à éviter cette double difficulté en remplaçant les termes spéciaux par des périphrases tirées du langage ordinaire, en renonçant, dans l'étude de la physiologie, à faire appel à d'autres notions de physique ou de chimie que celles qui sont absolument vulgaires.

Je n'ai pas tardé à m'apercevoir de l'inutilité et de la stérilité de semblables efforts, qui ne peuvent aboutir qu'à une exposition pénible de vérités banales vagues, et par suite parfaitement inutiles. Une science, pour mériter ce nom et servir à quelque chose, même en la réduisant à ses notions les plus élémentaires, doit fournir à l'esprit des connaissances précises. Cela n'est possible qu'avec l'usage d'une langue également précise et des études préalables, s'il y a lieu. Pour les termes spéciaux, les élèves devront donc se résigner à en faire usage, se rappelant qu'il n'y a pas de culture intellectuelle sans efforts; pour ce qui concerne les connaissances de physique et de chimie, nous prierons Messieurs les Professeurs de les fournir le cas échéant, soit verbalement, soit en mettant entre les mains des préposés qui leur sont confiés, de petits traités très-élémentaires, comme sont, par exemple, *les*

Notions de Physique et de Chimie publiées par M. Boutet de Monvel, pour les classes littéraires des lycées.

N'ayant point la prétention de faire un traité de botanique, je n'ai jamais considéré, dans tout ce que je dis, que les végétaux supérieurs, les phanérogames, le plus habituellement même, et, à moins d'indication contraire, seulement les dicotylédones. Toutes les fois que je parle des végétaux ligneux, il s'agit exclusivement de ceux de ce dernier embranchement. Toute la troisième partie a été rédigée seulement en vue des principales essences forestières de la France, et les généralités de nomenclature ne sont souvent vraies que pour elles.

J'ai à peine besoin de rappeler que ce petit livre, même avec la rédaction que j'ai adoptée, non-seulement n'est pas un traité de botanique générale, mais qu'il n'a pas la prétention de parler complétement des nombreuses et importantes applications de cette science à la culture forestière; il est seulement destiné à fournir les notions *strictement* indispensables pour suivre d'une manière fructueuse un cours élémentaire de sylviculture. Que ceux qui se serviront de ce Manuel se rappellent donc qu'en admettant qu'ils sachent parfaitement tout ce qui y est contenu, non-seulement ils ne seront ni des physiologistes, ni des botanistes, mais qu'il leur restera encore beaucoup à apprendre pour connaître à fond toutes les questions que comporte l'application de la botanique à la sylviculture.

Quant aux botanistes de profession, sous les yeux desquels ce livre pourra tomber, il est évident qu'il n'est pas fait pour eux ; qu'ils veuillent bien seulement, avant de juger l'auteur, se rappeler le but qui lui était proposé et les difficultés de la tâche.

Je ne saurais terminer sans remercier M. Mathieu, sous-directeur de l'École forestière, de la bienveillance avec laquelle il m'a permis de puiser pour la troisième partie du Manuel, dans sa *Flore forestière;* avec laquelle aussi il m'a fait profiter, pendant la rédaction de tout le travail, de son expérience en matière d'enseignement.

MANUEL

DE BOTANIQUE FORESTIÈRE

INTRODUCTION

Les êtres vivants se divisent en deux grands groupes : les animaux et les végétaux.

Ceux-ci ont pour propriétés essentielles l'accroissement et la reproduction. Ils sont dépourvus de sensibilité et de mouvement volontaire, ce qui les distingue des premiers.

La science qui s'occupe des végétaux porte le nom de *Botanique.*

Le végétal peut être considéré à des points de vue multiples, de là une subdivision de la Botanique en branches assez nombreuses. Nous considérerons seulement les principales.

I. *Botanique anatomique et physiologique.* — La plante, comme tout être vivant, a une structure; elle est constituée par des parties de forme déterminée (racine, tige, feuilles, fleurs, etc.), que l'on appelle des *organes*. Ceux-ci sont destinés à accomplir les actes qui concourent à la vie de la plante et qui portent le nom de *fonctions*.

L'étude des organes et de leurs fonctions constitue la *Botanique anatomique et physiologique*.

II. *Botanique descriptive.* — Les végétaux qui peuplent la surface du globe sont très-nombreux. Il a été nécessaire, pour arriver à les connaître, de les décrire, de leur imposer des noms, enfin de les grouper en classes suivant certaines lois; l'ensemble de ces opérations constitue la *Botanique descriptive*.

III. *Géographie botanique.* — La distribution des végétaux sur la terre n'est point le résultat du hasard. Elle est assujettie à des lois rigoureuses. L'étude de cette répartition et de ses causes forme la *Géographie botanique*.

IV. *Botanique appliquée.* — Enfin, l'homme cultive et utilise un grand nombre de végétaux comme aliment direct ou indirect, médicaments, matières premières de l'industrie. Considérée à ce point de vue, la Botanique prend le nom d'*appliquée* et se divise en *Botanique* agricole, forestière, médicale, industrielle, etc.

Les trois premières branches formeront autant de parties de ce cours. Quant à la quatrième, elle ne fera point l'objet d'une section spéciale. Elle se trouvera dans tout le livre, rédigé exclusivement au point de vue de l'application de la Botanique à la sylviculture.

I

BOTANIQUE

ANATOMIQUE ET PHYSIOLOGIQUE

CHAPITRE PREMIER.

Généralités et organes élémentaires.

Généralités. — Les fonctions que nous avons définies dans l'*Introduction* sont de deux ordres.

Les unes concourent au développement du végétal à partir du moment où il s'est constitué dans la graine et à l'entretien de la vie chez lui. Ce sont les *fonctions de nutrition et d'accroissement.*

Les autres ont pour objet la production de nouveaux végétaux issus d'une ou de deux plantes parentes. Ce sont les *fonctions de reproduction.*

A ces deux ordres de fonctions correspondent deux catégories d'organes : 1° les *organes de nu-*

trition (racine, tige et ses modifications, feuilles); 2° les *organes de reproduction* (fleurs et fruits qui leur succèdent).

Pris dans leur ensemble, ces organes portent le nom d'*organes composés.* Quels qu'ils soient, en effet, ils sont tous formés de *tissus*. Ceux-ci résultent du groupement d'*organes* plus simples auxquels on donne le nom d'*élémentaires*, parce que, contribuant à former tous les autres, ils sont le dernier terme de l'organisation. Ces organes élémentaires, d'une grande ténuité, ne peuvent en général être étudiés qu'à l'aide de verres grossissants. Aussi, malgré leur importance, nous nous bornerons à leur égard aux notions les plus succinctes.

Ils sont au nombre de trois : cellule, fibre et vaisseau ; rigoureusement même on devrait les réduire à un seul, la cellule, car on démontre facilement que la fibre n'en est qu'une fort légère modification et le vaisseau un organe qui en dérive.

Cellule. — La *cellule*, considérée sous sa forme la plus simple, est un petit sac globuleux à paroi parfaitement uniforme et complétement clos.

Mais il est rare que les cellules se présentent à ce degré de simplicité. Généralement elles offrent des formes très-différentes, le plus souvent polygonales par suite des pressions qu'elles exercent les unes sur les autres.

Leurs parois sont très-souvent aussi couvertes de dessins variés, ce qui leur a fait donner le nom de ponctuées, rayées, etc. Mais ces modifications ont en général peu d'importance au point de vue des fonctions de la plante.

Les cellules se rencontrent partout dans l'organisation végétale. Dans la tige de nos arbres, elles constituent entièrement la moelle et les rayons médullaires que nous étudierons plus loin.

Fibre. — La *fibre* est une cellule fusiforme, mince, allongée, à cavité relativement petite. Grâce à la forme de cet élément, plusieurs fibres réunies ensemble peuvent s'enchevêtrer de manière à former un tissu très-résistant ; la fibre est un élément essentiel et important du bois.

Vaisseau. — Le *vaisseau* est un tube de grande longueur et de très-faible calibre ; toutefois son diamètre est souvent supérieur à celui des cellules et des fibres, et permet alors de le distinguer sur une section longitudinale ou transversale d'un organe composé. C'est ce qu'on observe dans le bois des essences feuillues par exemple.

La paroi des vaisseaux peut être unie ; elle peut aussi présenter des dessins variés comme celle des cellules, ce qui lui fait donner les mêmes noms de rayée, ponctuée, etc. Une seule de ces modifications a de l'importance, celle où la paroi du vaisseau est parcourue par une spirale. Dans ce cas, le vaisseau prend le nom de *trachée;* l'observation a démontré que ces trachées ont des positions très-constantes chez les plantes.

Groupement, origine et contenu des organes élémentaires. — Les *tissus* constitués par les cellules, fibres, vaisseaux, portent respectivement les noms de *cellulaire*, *fibreux*, *vasculaire*. Les cellules, fibres et vaisseaux naissent toujours d'organes élémentaires préexistants; ils ne sont pas susceptibles de se constituer de toutes pièces dans un liquide, tel que la séve, qui s'épaissirait et se creuserait de cavités, ainsi que l'ont pensé autrefois quelques physiologistes.

Les organes élémentaires peuvent contenir :

1° Des gaz, parmi lesquels le plus habituel est l'air atmosphérique qui peut être plus ou moins modifié ;

2° Des liquides; le plus abondant est l'eau, mais on y trouve fréquemment aussi des huiles grasses (tissus de la faîne, de la noisette, par exemple), des essences, ainsi l'essence de thérébenthine chez les conifères ;

3° Des solides, qui peuvent être de nature très-variée. Les plus importants sont la fécule, des matières azotées, la matière verte des feuilles; enfin des sels minéraux qu'on retrouve dans les cendres lorsqu'on brûle une plante.

CHAPITRE II.

Racines.

Définition. — La racine est cette partie du végétal qui s'enfonce dans la terre pour l'y fixer et y puiser une partie de sa nourriture. Elle n'est en réalité que le prolongement inférieur de la tige, et rien n'indique où commence l'une, où cesse l'autre. Cependant, dans la pratique, on appelle *collet* la région de partage entre ces deux organes, et c'est au niveau du sol qu'on la place.

Composition. — Les racines se composent d'un axe principal qu'on nomme *pivot*, duquel partent des ramifications latérales qui deviennent de plus en plus grêles. On donne le nom de racines principales à celles qui se détachent les premières du tronc commun de la racine et qui, par leur grosseur, se distinguent plus ou moins nettement des autres. On donne le nom de secondaires aux racines qui viennent ensuite; elles sont de divers ordres, et on arrive ainsi à des ramifications très-grêles auxquelles on donne le nom de radicelles, qui se terminent par des filaments déliés qu'on appelle le *chevelu.*

Radicelles et chevelu ne sont d'ailleurs autre chose que de jeunes racines destinées à s'accroître et à passer par cela même à un ordre supérieur. Ils ont été l'état premier de toutes les racines principales et secondaires. Le chevelu n'est donc en rien un organe comparable aux feuilles, destiné à se détacher et à se renouveler comme elles, ainsi qu'on l'a prétendu. La souche est l'empâtement que produisent les racines principales qui se réunissent entre elles et avec le pivot.

Rôle. — Les racines, avons-nous dit, sont destinées à fixer le végétal et à lui fournir une partie de sa nourriture. C'est à l'état d'eau contenant diverses matières en dissolution qu'elles l'absorbent, et c'est exclusivement par le chevelu que se fait cette absorption.

Il est donc important de le développer autant que possible quand on élève des plants en pépinière; on y parvient par une culture soignée du terrain. Mais il ne suffit pas d'avoir obtenu des plants pourvus d'un chevelu abondant; il faut encore qu'au moment de la plantation ils le conservent intact et frais; car lorsqu'il est desséché, il ne fonctionne plus. On devra donc, lors de l'extraction des plants, chercher à l'obtenir entier, puis les emballer avec soin pour éviter la dessication s'ils ont une certaine distance à parcourir. Lorsqu'ils sont arrivés au lieu où ils doivent être utilisés, on met tous ceux qui ne sont pas immédiatement employés en jauge, c'est-à-dire qu'on recouvre leurs racines d'une couche de terre suffisante pour empêcher le chevelu de se flétrir au contact de l'air.

Il peut arriver que, malgré tous les soins, le chevelu ait plus ou moins souffert, qu'il soit en partie arraché ou flétri. On pourra, dans une certaine mesure, remédier au mal en rafraîchissant les racines avec un instrument tranchant, afin d'obtenir des sections nettes. Les surfaces ainsi mises à nu jouissent de la faculté d'absorption.

Souvent, pour conserver le chevelu frais pendant le transport des plants, on immerge les racines dans de l'eau tenant en suspension de l'argile, le tout formant une boue semi-liquide. On parvient au but que l'on se propose, mais il en résulte un grave inconvénient; les racines s'agglutinent en forme de pinceau; si on ne prend pas soin de leur rendre leur position naturelle au moment de la plantation, ce qui, en pareil cas, est long et difficile, elles se trouvent dans un état peu favorable à l'absorption et qui les expose à être détruites par l'échauffement. La conséquence est que cette pratique est à rejeter, d'autant mieux qu'avec un emballage soigné on parvient à conserver les plants parfaitement frais pendant plusieurs jours.

Lorsqu'on a recours, pour les repeuplements artificiels, au semis en place, on doit chercher à obtenir le plus vite possible des plants à enracinement abondant et suffisamment profond pour que le jeune végétal puisse prendre sa nourriture dans une couche du sol qui soit à l'abri de la sécheresse amenée à la surface par les variations climatériques. On obtient ce double résultat par une culture suffisamment étendue en surface et profonde. La réussite, surtout dans les régions à climat sec, est à ce prix. L'économie sur ce qui est nécessaire sous ce rapport, en frais de culture, est mal entendue. Quant aux semis faits en sol naturel découvert, ils ne peuvent en général donner que les plus médiocres résultats. Même si les graines germent, les jeunes plants qui en proviennent sont voués à une perte presque certaine.

Mode d'allongement et direction. — Les racines s'accroissent en longueur exclusivement par leur extrémité; aussi, dès que celle-ci est brisée, l'allongement devient impossible et des racines latérales prennent la place de celle qui est ainsi arrêtée. Cela nous explique pourquoi les plants provenant de graines germant facilement semblent souvent avoir plusieurs pivots. Le jeune pivot qui était sorti de la graine ou du fruit avant la mise en terre a été brisé par accident, et des racines latérales, qui normalement n'auraient pas eu un grand développement, le remplacent. C'est ce qu'on observe fréquemment chez le chêne, par exemple.

Toute racine principale ou pivot s'enfonce, sauf obstacle, verticalement dans la terre; les racines qui en naissent sont plus ou moins obliques; celles des dernières générations peuvent devenir horizontales ou traçantes.

L'enracinement d'un arbre se compose de l'ensemble du pivot et de ses ramifications. Suivant que la vitalité s'est maintenue active et prolongée sur le pivot, ou s'est au contraire reportée de bonne heure sur ses divisions, l'enracinement est *profond* ou *superficiel.* Le chêne offre un type d'enracinement profond; l'épicéa celui d'un enracinement superficiel. On se sert souvent, au lieu de ces expressions, de celles d'enracinement *pivotant* ou *traçant*, ou bien même de celles-ci : arbres à racines pivotantes ou traçantes. Il vaut mieux les abandonner, parce qu'elles tendent à donner une idée fausse des choses. Aucun arbre n'est exclusivement pivotant ou traçant : tous possèdent un pivot et des racines latérales ; chez tous le pivot est plus ou moins longtemps prédominant ; chez tous enfin, les racines latérales finissent par prendre une importance plus ou moins grande. Seulement il en est chez lesquels le pivot n'est jamais masqué complétement par ses ramifications, d'autres chez lesquels il devient à peu près impossible de le distinguer. Les premiers seront les arbres à enracinement profond ; les seconds, ceux à enracinement superficiel. On trouve d'ailleurs tous les degrés intermédiaires entre ces deux extrêmes. En outre, les racines latérales elles-mêmes peuvent avoir une tendance prononcée à s'enfoncer dans le sol en suivant une direction qui se rapproche de la verticale, à pivoter par conséquent. La tendance à pivoter se manifeste surtout pendant la jeunesse des arbres ; parvenus à un certain âge, ils cessent d'allonger leurs racines au delà d'une certaine profondeur, alors même que la terre végétale ne ferait pas défaut.

C'est que les racines ont besoin d'air, et qu'au delà d'une certaine limite, elles n'en trouvent plus suffisamment dans le sol. Plusieurs faits d'observation journalière démontrent cette nécessité de l'air pour les racines. Les arbres plantés dans les promenades ou sur les grandes voies qui traversent les villes, dans un sol tassé, offrant à la surface une espèce de croûte que traverse difficilement l'air, sont dans un état de végétation fort médiocre. Cela tient à plusieurs causes habituellement, mais toujours l'une d'elles est le manque d'air. Celle-ci peut seule expliquer le dépérissement que l'on observe parfois chez les arbres au pied desquels les bestiaux, lorsqu'on les admet en forêt, séjournent longtemps; en piétinant le sol, ils finissent par former une croûte peu perméable à l'air. L'exemple le plus frappant que l'on puisse citer des effets funestes de la soustraction de l'air aux racines est celui des arbres qui, par suite de travaux, ont une portion notable de leur tige, au-dessus du collet de la racine, enveloppée par des terres de remblai. Ils meurent presque toujours, et s'il arrive qu'après avoir souffert, ils résistent et finissent même par reprendre vigueur, c'est que, par suite de la production de racines sur la tige, ainsi que nous le verrons plus loin, l'enracinement s'est rapproché de la surface nouvelle du sol. Enfin, nous trouvons aussi en partie, dans ce fait, l'explication de l'influence funeste exercée par les eaux stagnantes, tandis que celles qui sont en mouvement en ont le plus souvent une utile; l'air contenu en dissolution dans l'eau présentant, par suite de son renouvellement, une composition plus constante chez les secondes que chez les premières.

Une profondeur de deux mètres suffit aux

arbres les plus âgés et qui pivotent le plus, quoique, à la faveur des fissures du sol, certaines racines puissent aller au delà.

Il est très-important de connaître si un arbre a l'enracinement profond ou superficiel, afin d'être à même de cultiver chaque essence dans un sol qui lui soit approprié à cet égard; ou au moins, lorsque, par des raisons de culture, on sera amené à mélanger des essences à enracinement fort dissemblable, on devra faire prédominer, suivant les cas, l'une ou l'autre. C'est ainsi que, pour deux de nos essences les plus importantes, le chêne ne pourra être prédominant que dans les sols profonds, surtout les argileux, et que dans les forêts à sous-sol rocheux, impénétrable aux racines, il devra céder la place en grande partie au hêtre.

L'enracinement est très-variable d'une espèce à une autre, de même que la hauteur de la tige et la ramification, mais sans qu'il varie dans le même rapport. Ainsi des arbres de grande taille, à cime élancée, peuvent avoir un enracinement très-peu développé et fort superficiel, ce que l'on observe de la façon la plus manifeste chez l'épicéa, par exemple, tandis que des végétaux de petite taille, à tige ou rameaux herbacés, peuvent avoir un enracinement puissant : la luzerne en offre un exemple bien connu.

Pour les végétaux de même espèce l'enracinement est constant, mais non d'une manière absolue. Sur un sol superficiel le végétal le plus pivotant deviendra traçant : c'est ce que l'on observe chez le chêne lorsque, par hasard, il se trouve dans de semblables conditions. L'enracinement sera plus profond dans les sols meubles, moins dans ceux qui sont compactes. Aussi a-t-on grand soin, dans les plantations, d'ameublir davantage et dans un rayon suffisamment étendu la terre où devront s'asseoir et se développer les racines du plant.

Pour les végétaux de même espèce, la relation entre les racines et les branches est constante. Aussi, lorsqu'on plante des hautes tiges, est-il sage de tailler la cime en raison des pertes que subit nécessairement l'enracinement lors de l'extraction, malgré tous les soins qu'on a pu apporter.

En général, aux grosses branches correspondent les grosses racines.

Drageons. — Les racines peuvent parfois produire des bourgeons qui, en se développant, donnent naissance à des rejets qui percent le sol et concourent à assurer la reproduction. Ces rejets s'appellent *drageons*.

Les essences drageonnantes sont surtout celles dont les racines sont traçantes. Elles le deviennent plus particulièrement après les exploitations qui, en écorchant le sol et les racines elles-mêmes, y facilitent l'arrivée de l'air et provoquent des arrêts de sève.

Plusieurs arbres de nos forêts sont fortement drageonnants. Un chêne indigène, dans l'ouest de la France, le chêne tauzin, se distingue des espèces qui ont de la ressemblance avec lui (chênes pédonculé, rouvre), en ce que ses racines donnent naissance à de nombreux drageons, tandis que les autres en sont absolument dépourvus. On peut encore citer l'orme champêtre, l'aune blanc, les peupliers blanc et tremble. C'est même en grande partie, grâce à ce mode de reproduction, que cette dernière essence se trouve en si grande abondance dans les jeunes coupes.

Racines adventives. — Il arrive fréquemment, lorsqu'une tige ou un rameau se trouve accidentellement ou intentionnellement placé dans de la terre humide, qu'il se développe à la surface des racines susceptibles de remplir les fonctions dont cet organe est chargé, on leur donne le nom de racines *adventives*.

On applique également cette dénomination aux racines qui ne résultent pas du développement régulier du pivot et de ses ramifications, c'est-à-dire qui se constituent en un point quelconque de la surface de racines âgées déjà de plusieurs années. Dans ce cas, on les reconnaît à ce qu'elles n'ont pas l'âge de celles qui les portent, et de plus à ce que leur centre ne communique pas avec celui de cette dernière. Les racines adventives de cette nature jouent un rôle important, en ce qu'elles rajeunissent près du sol l'enracinement devenu trop profond des vieux arbres.

Quant à celles qui se produisent sur les parties aériennes, tige et rameaux, lorsqu'elles viennent à être enterrées, c'est à leur naissance que l'on doit de sauver quelquefois, ainsi que cela a été dit plus haut, des arbres dont la base a été, par suite de travaux, recouverte de terre sur une assez grande hauteur; enfin, c'est sur leur production que reposent deux modes importants de reproduction des végétaux dont il sera question plus loin, le bouturage et le marcottage. Les racines adventives se produisent partout où, au contact de l'humidité, il y a arrêt de séve descendante. Cet arrêt est souvent dû à des causes naturelles sans que l'homme intervienne, et rien n'est plus facile que de le provoquer par des moyens artificiels : tels sont une incision, surtout lorsqu'elle fait le tour de l'organe, une ligature ou même une simple torsion.

Bouturage. — On donne le nom de *bouture* à tout fragment végétal qui, détaché et mis en terre, est susceptible de s'enraciner au moyen de racines adventives, et de reproduire la plante dont il provient. Dans la pratique forestière on se sert exclusivement de fragments de tiges ou de rameaux.

On donne le nom de *plançons* à des boutures formées de branches de deux à cinq ans et longues de deux à trois mètres.

En principe, tous les végétaux ligneux sont susceptibles d'être reproduits par boutures. Mais pour quelques-uns cette opération présente beaucoup de difficultés et la reprise ne peut être assurée que par des soins tout spéciaux. Aussi, dans la culture en grand et particulièrement dans la pratique forestière, ne recourt-on à ce procédé que pour les espèces qui s'y prêtent avec une grande facilité. Ce sont, en général, les essences à bois tendre, telles que les saules et les peupliers. Cependant cette règle n'est pas sans exceptions. Quelques arbres à bois tendre, le saule marceau, par exemple, sont relativement difficiles à bouturer, tandis que des espèces à bois dur, comme le platane, réussissent parfaitement.

Pour faire une bouture, on prend un fragment de rameau que l'on rogne à sa partie supérieure un peu au-dessus, à sa partie inférieure un peu au-dessous d'un bourgeon, de manière qu'il ait environ vingt centimètres de longueur. L'absorption de l'eau contenue dans le sol devant se faire, jusqu'au moment où des racines adventives seront constituées, par la section inférieure, on a soin qu'elle soit très-nette et légèrement oblique pour augmenter la surface absorbante.

On enfonce la bouture dans le sol, soit directement, soit au moyen d'un plantoir; l'emploi de cet instrument, indispensable lorsque le sol n'est pas parfaitement meuble, est préférable dans tous les cas pour que la section inférieure et l'écorce soient respectées. On ne doit laisser au-dessus du sol que deux bourgeons. De cette façon la bouture a son extrémité inférieure suffisamment enfoncée dans la terre pour se trouver dans un sol constamment frais, et n'ayant à nourrir que deux rameaux, elle pourra les produire vigoureux, tandis que ceux-ci en plus grand nombre seraient chétifs.

Quant au plançon, on taille son extrémité inférieure en pointe triangulaire, on l'enfonce dans le sol de cinquante centimètres ou même un peu plus, de sorte qu'il reste au-dessus de terre une tige complétement analogue à un jeune arbre, mais qui se forme une nouvelle ramification, car on a soin d'enlever tous les rameaux préexistants.

La seule époque pour faire des boutures ou plançons en pratique forestière est le laps de temps qui s'écoule de la fin de l'automne au commencement du printemps, et on doit choisir de préférence cette dernière période.

Le bouturage offre un moyen rapide et peu coûteux de couvrir une surface de végétation arborescente. Aussi est-il précieux dans tous les cas où l'on a des terrains meubles à fixer, tels que des talus de déblai ou de remblai à la suite de travaux, des pentes affouillées par les eaux ou des amas de débris déposés par elles, comme cela se présente fréquemment dans les travaux de défense contre les torrents des régions montagneuses.

Marcottage. — La *Marcotte* diffère de la bouture en ce qu'elle reste adhérente au pied qui l'a produite jusqu'au moment où, ayant développé des racines adventives, elle peut se suffire à elle-même. Il en résulte que souvent la reprise est plus facile.

Comme le bouturage, le marcottage peut être pratiqué sur toute espèce d'arbres, mais les espèces qui se prêtent facilement au bouturage sont également celles dont les marcottes offrent le plus de chances de réussite.

Les méthodes pour opérer la multiplication des végétaux au moyen de marcottes sont assez nombreuses, mais la plupart sont usitées seulement en horticulture et exigent des soins qui sont incompatibles avec la grande culture comme celle que l'on pratique dans les forêts. Nous allons décrire la plus simple, la seule qui y soit employée.

On choisit dans une cépée un rejet de deux ou trois ans que l'on couche dans une fosse de 0^m15 de profondeur environ, creusée devant lui; on l'y fixe au moyen d'un crochet en bois et on en recouvre de terre bien meuble toute la partie moyenne préalablement privée des ramules et des feuilles qu'elle pouvait porter. Quant à l'extrémité qui sort de terre, on la redresse au moyen d'un tuteur. Une excellente précaution, lorsqu'on opère sur une petite échelle, dans un jardin ou un parc, est de maintenir la terre constamment humide par des arrosements. Mais on conçoit facilement que cela est impossible en culture forestière. Des racines adventives se développent sur la portion du rejet qui est en terre et, au bout d'une ou deux années, suivant les essences, la marcotte, s'étant constitué un enracinement propre à elle, peut être sevrée, c'est-à-dire isolée du pied qui lui a donné naissance, au moyen d'une section opérée immédiatement au-dessous du point où les racines adventives commencent à se montrer.

On fait les marcottes à la même époque que les

boutures, et on les sèvre à l'automne de la première ou de la seconde année, suivant le temps que les racines mettent à se développer.

Le marcottage peut être utilement employé dans les taillis, surtout ceux en sol frais, pour regarnir des places claires où les souches sont trop éloignées les unes des autres.

Structure de la racine et qualité de son bois. — Les racines, comme la tige et les rameaux, se composent de deux parties essentielles, l'écorce et le bois.

L'écorce offre la même structure que celle de la tige décrite plus loin, seulement, l'enveloppe cellulaire y est incolore, et l'enveloppe subéreuse ou liége, jamais très-développée.

Le bois est semblable à celui de la tige quant aux éléments qui le composent, mais les organes élémentaires y présentent de plus grandes cavités; les vaisseaux chez les feuillus sont plus abondants. Il en résulte que le bois de souches et de racines est habituellement plus poreux et plus léger que celui de la tige et des branches; utilisé comme combustible, il donne plus de flamme et moins de charbon; il ressemble donc, même chez les essences à bois dur, aux bois blancs; comme eux, il convient aux foyers où l'on désire obtenir une chaleur de courte durée, mais vive.

Cependant, chez les conifères il est riche en térébenthine, et on le distille avec avantage pour en extraire du goudron, chez le pin sylvestre notamment.

CHAPITRE III.

Tige.

Définition. — La *tige* est cette partie de l'arbre qui s'élève verticalement au-dessus du sol et qui, au delà d'une certaine hauteur, se ramifie en *branches principales, secondaires, etc.*, *rameaux*, *ramules* et *jeunes pousses*. Ces dernières sont les ramifications de plus récente production; toutes les autres ont passé par cet état et prennent les différents noms que nous venons de citer, à mesure qu'elles jouent un rôle de plus en plus important dans l'ensemble de la ramification de l'arbre.

La tige proprement dite prend le nom de *tronc* ou *fût*.

Allongement. — La tige et ses ramifications ne s'allongent que par le développement de nouvelles pousses qui, chaque année, s'ajoutent à l'extrémité des pousses de l'année précédente. La hauteur totale d'un arbre est dès lors égale à la somme de toutes ses pousses annuelles.

L'allongement de la portion du fût qui est nue tient à la mort et à la chute successive des branches qui le garnissaient inférieurement et que dominent les branches nouvellement développées des parties supérieures.

Il arrive un moment où l'accroissement en hauteur devient très-faible; dès lors les branches inférieures, qui ne sont plus privées de lumière par de nouvelles branches plus élevées, persistent, grossissent, s'étalent et deviennent *branches principales.* A partir de ce moment, la portion dénudée du fût cesse de s'allonger.

L'état de massif favorise la dénudation et l'allongement du fût en entravant le développement des branches principales; l'état d'isolement, au contraire, tend à raccourcir celui-ci en permettant aux branches inférieures de s'allonger, de soustraire leurs extrémités feuillées au couvert des branches supérieures et de devenir promptement branches principales.

Forme. — Le tronc d'un arbre n'est jamais exactement conique. Indépendamment des déformations qui, à la partie supérieure, résultent du voisinage des grosses branches, et à la partie inférieure de celui des racines principales, il est plus ou moins renflé dans la région moyenne, et lorsqu'on le cube comme un cône géométrique, le volume ainsi trouvé est toujours inférieur au volume réel.

Ramification et couvert. — Le mode suivant lequel les arbres se ramifient est très-divers; il est constant néanmoins chez les arbres de même essence, et il leur assure un port caractéristique. Les deux principaux types sont la *ramification verticillée* et la *ramification diffuse*. Dans le premier cas, les rameaux se développent seulement à l'extrémité de chaque pousse annuelle, immédiatement au-dessous, par conséquent, de la pousse terminale de même âge qu'eux; de plus, ils sont tellement rapprochés qu'ils semblent disposés dans un même plan; la ramification affecte une régularité géométrique. Dans le second, les rameaux se développent à l'aisselle des feuilles en des points quelconques de la pousse; la ramification est plus ou moins irrégulière.

La ramification diffuse s'observe chez tous les bois feuillus, les chênes, les hêtres, les bouleaux, par exemple.

La ramification verticillée est caractéristique de plusieurs genres de bois résineux : les pins, les sapins et les épicéas. Chez les pins, elle s'observe avec une régularité parfaite sur la tige et se continue sur les rameaux ; chez les sapins, elle n'est pas moins remarquable sur la tige, mais les rameaux portent seulement deux pousses latérales opposées au-dessous de la terminale, et de plus, assez souvent, quelques autres en des points indéterminés, pourvu que ce soit à l'aisselle des feuilles ; enfin, chez les épicéas, ces rameaux accessoires s'observent en assez grand nombre et même sur la tige. De la grande régularité de la ramification verticillée, il résulte qu'on peut calculer très-sûrement l'âge d'un arbre qui la présente, lorsqu'il possède encore ses rameaux sur toute sa hauteur. Il suffit de compter le nombre de verticilles ou plans formés par les rameaux; chacun d'eux correspondant à la végétation d'une année, leur somme donnera l'âge cherché.

En général, la ramification est d'autant plus serrée, conséquemment le couvert de l'arbre plus épais, que le tempérament est plus délicat et réciproquement. Exemple : les hêtres et les sapins à couvert épais et tempérament délicat, d'une part; les chênes et les pins à couvert léger et à tempérament robuste, d'autre part.

Port. — Le port, qui résulte en partie, ainsi que cela a été dit plus haut, de la ramification, est la forme spéciale que présente un arbre vu dans son ensemble, et qui constitue ce que l'on pourrait appeler sa physionomie.

Le port dépend non-seulement du nombre des rameaux et de leur disposition relative, ce qui constitue essentiellement la ramification, mais encore de la grosseur des pousses, qui varie beaucoup des pousses robustes du marronnier d'Inde ou du frêne à celles très-grêles du bouleau; de leur allongement presque nul pour certains rameaux très-raccourcis comme cela s'observe chez le mélèze, plus ou moins fort chez le plus grand nombre des espèces, devenant considérable chez plusieurs saules, le pleureur, par exemple; enfin de la direction des pousses et rameaux. Cette direction est habituellement telle que la pousse, au bout de la première année, se dirige vers le ciel en faisant un angle aigu avec la tige; cet angle s'ouvre de plus en plus à mesure que le rameau s'allongeant s'incline vers le sol, sollicité par son propre poids. Mais il peut arriver chez les arbres à pousses très-grêles, que celles-ci, dès la première ou la seconde année, retombent vers le sol, donnant ainsi, au sujet qui les porte, un aspect tout à fait caractéristique, et l'on donne aux arbres qui le présentent le nom de *pleureurs*.

Il peut se faire que cette tendance des rameaux à se diriger immédiatement vers le sol soit due non à cette cause, mais à une perversion dans leur direction, qui n'est point encore expliquée, car des rameaux robustes ou très-robustes peuvent présenter cette disposition; tels sont ceux du hêtre dit *parasol*, du frêne pleureur.

Inversement, il peut se faire que les rameaux aient une tendance marquée à se rapprocher du tronc, à se serrer pour ainsi dire contre lui: dans ce cas, l'arbre est dit *pyramidal*. Le peuplier noir et le chêne pédonculé, par exemple, sont susceptibles d'affecter cette forme et prennent alors souvent le nom de peuplier pyramidal, chêne pyramidal. Le port singulier des arbres pleureurs et pyramidaux les font rechercher comme arbres d'ornement, ce qui lui a fait donner trop d'importance; le plus souvent, il n'offre rien de caractéristique; c'est une anomalie individuelle, analogue à celles qu'on rencontre parfois dans l'organisation des animaux ou de l'homme, la déviation de la colonne vertébrale, par exemple. Elle ne se transmet pas régulièrement ou même nullement aux plants obtenus de graines recueillies sur les arbres qui en sont affectés. C'est ainsi que des semis de faînes de hêtre parasol et de glands de chêne pyramidal ont donné des sujets affectés de l'anomalie, mais le plus grand nombre a fait retour au type; qu'un semis de plusieurs litres de graines de frêne pleureur n'en a pas fourni un seul : tous les jeunes arbres avaient leurs pousses dirigées normalement.

Division des végétaux ligneux d'après la taille et le port. — On divise les végétaux ligneux en arbrisseaux, arbustes et arbres.

Les premiers se distinguent en ce qu'ils sont ramifiés dès la base : tels sont les chèvrefeuilles, les rosiers, les viornes, etc.

Les arbustes et les arbres ont un fût, c'est-à-dire une portion de tige plus ou moins longuement dénudée. Les premiers se distinguent des seconds à une moindre hauteur. Ils ne dépassent pas cinq à six mètres, sur lesquels deux ou trois mètres à la base sont dépourvus de rameaux.

Ces diverses dénominations sont loin, d'ailleurs, d'offrir quelque chose d'absolu; c'est ainsi que des espèces, qui habituellement se présentent sous forme d'arbrisseau, peuvent, lorsqu'on les laisse vieillir suffisamment et qu'elles se trouvent dans de bonnes conditions de végétation, affecter celle d'arbuste et même d'arbre : tels les aubépines, le sureau noir, le houx, le noisetier. Inversement, nos plus grands arbres, lorsqu'ils se trouvent dans des conditions difficiles, peuvent arriver à n'être plus que des arbustes ou même des arbrisseaux. Tels sont, par exemple, l'épicéa et le pin sylvestre dans les hautes régions montagneuses peu abritées, et sous les latitudes élevées.

Les arbres, dans les contrées où les forêts sont exploitées de longue date par l'homme, atteignent rarement les dimensions dont ils sont susceptibles; néanmoins on trouve, quoique rarement, en France et en Allemagne, des sapins et des épicéas qui atteignent et dépassent même un peu cinquante mètres; quant aux diamètres, les plus forts s'observent chez les tilleuls, les chênes, où ils atteignent rarement plus de trois mètres.

Ces dimensions sont dépassées par celles des eucalyptus d'Australie, qui peuvent avoir plus de cent trente mètres de hauteur ; des sequoias de la Californie, qui atteignent cent mètres de hauteur sur dix à douze mètres de diamètre, mais ce sont des arbres d'un âge supérieur de beaucoup à celui des plus vieux qui existent en Europe.

Structure et accroissement en diamètre. — La tige des arbres se compose de deux parties essentielles, le *bois* et l'*écorce*, qui seront décrites un peu plus loin.

Entre les deux se trouve une couche mince de tissu jeune et très-délicat, qui porte le nom de *cambium*. C'est par les organes élémentaires auxquels elle donne naissance que se fait annuellement l'accroissement en diamètre. Cet accroissement persiste tant que vit l'arbre; seulement à un âge avancé il devient très-faible. Il n'est jamais nul.

Bois. — Le bois est composé de la *moelle* au centre et de couches annuelles qui l'enveloppent successivement; la plus profonde de ces couches est la plus ancienne, la plus superficielle la plus récente.

La moelle est constituée essentiellement par des cellules qui restent fort peu de temps vivantes; dès la seconde année, elles sont mortes en grande partie. Il peut arriver que, par suite de l'allongement de la tige, le tissu de la moelle subisse des tiraillements qui le déchirent et produisent, en divers points, des lacunes. C'est ce qu'on observe, par exemple, chez le noyer.

La région du bois qui entoure immédiatement la moelle porte le nom d'*étui médullaire*. Elle est caractérisée par la présence des trachées. Le canal médullaire est habituellement cylindrique. Cependant il peut offrir d'autres formes. C'est ainsi qu'il est triangulaire chez les aunes, pentagonal chez les chênes. Il peut être aussi de dimensions variables : très-gros chez le marronnier d'Inde, par exemple, il est très-fin chez le bouleau. Mais une fois constitué, il ne change pas de diamètre; c'est à tort qu'on a prétendu qu'il était susceptible de se rétrécir. S'il semble parfois en être ainsi à un examen superficiel, cela vient de ce qu'à mesure que la tige grossit, il occupe une place de moins en moins importante sur la section horizontale ou longitudinale.

Chaque couche de bois est constituée essentiellement par du *tissu fibreux* et des *rayons médullaires.*

Le tissu fibreux est formé de fibres solidement enchevêtrées. Ces fibres, généralement à parois épaisses, à cavités étroites, sont cependant susceptibles de présenter quelques variations soit dans la même couche, soit d'une essence à une autre. Par suite de la faiblesse de diamètre de leur cavité et de leur union intime, le tissu fibreux paraît toujours, lorsqu'on examine du bois à l'œil nu, absolument plein.

Les rayons médullaires sont des lames de tissu cellulaire de hauteur, largeur et longueur variables, suivant les essences, qui apparaissent sur la tranche du bois sous forme de lignes rayonnantes, et sur le fil lorsque le bois est débité suivant le rayon de l'arbre, sous celles de taches nacrées plus foncées ou plus claires que le reste du bois et qui portent le nom de *maillures.*

Ces lames de tissu cellulaire se nomment rayons médullaires parce qu'originairement elles relient la moelle à la couche cellulaire verte de l'écorce. Mais il s'en faut que, plus tard, tous traversent ainsi toutes les couches annuelles de la première à la dernière; il en naît de nouveaux qui n'ont aucun rapport avec la moelle, et plusieurs cessent, au bout d'un temps plus ou moins long, d'être en relation avec l'écorce; de là des longueurs variables. La hauteur et l'épaisseur ne varient pas moins, et souvent dans le même arbre. L'épaisseur peut devenir si faible que les rayons cessent d'être visibles à l'œil nu; c'est ce qui se présente chez les pommiers, les poiriers, les saules, etc., parmi les bois feuillus et chez tous les résineux, tandis que chez d'autres espèces certains d'entre eux peuvent être épais, hêtres, chênes pédonculé et rouvre; ou très-épais, chênes liége et yeuse. Dans ce dernier cas, ils sont fort inégaux sur le même arbre. On trouve parmi les essences forestières tous les intermédiaires entre ces deux termes extrêmes.

Les bois bien maillés, ceux de chêne spécialement, sont souvent recherchés pour la menuiserie de luxe ou l'ébénisterie.

On appelle *débit sur maille* celui qui, se faisant autant que possible suivant la direction des rayons, permet d'obtenir des maillures nombreuses. On nomme *débit contre maille* celui qui se fait perpendiculairement à cette direction. Les rayons se montrent alors sous forme de lignes analogues à celles qui les caractérisent sur la tranche.

A ces deux éléments essentiels du bois, tissu fibreux et rayons médullaires, s'ajoutent constamment, chez les bois feuillus, des *vaisseaux* qui manquent chez les conifères; mais on observe fréquemment chez ceux-ci des *canaux résinifères.*

Les vaisseaux étant généralement d'un plus gros diamètre que les fibres et à parois plus minces, sont le plus souvent visibles à l'œil nu sur la tranche du bois où ils apparaissent, sous forme de trous, au milieu du tissu fibreux, et sur le fil où ils se montrent comme de petites raies verticales creuses. Ils sont tantôt également répartis dans toute l'épaisseur de la couche, tantôt, au contraire, leur nombre va en décroissant du bord interne au bord externe de l'accroissement annuel. Les vaisseaux peuvent être :

1° Très-gros. Chênes, châtaigniers;

2° Gros. Frênes, noyers, robiniers, ormes;

3° Assez gros. Bouleaux, peupliers;

4° Petits. Érables, aunes, charmes, hêtres, cerisiers, tilleuls, saules;

5° Très-petits. Pommiers, poiriers, sorbiers, alisiers.

Dans les deux premières sections, les vaisseaux sont fort inégaux, sauf chez le noyer. A côté des gros qui sont signalés plus haut, on en trouve de petits et même très-petits.

Les vaisseaux peuvent être isolés au milieu du tissu fibreux, mais, et surtout lorsqu'ils sont gros et inégaux, ils peuvent affecter des groupements spéciaux en arcs, lignes rayonnantes, etc., caractéristiques pour chaque espèce.

Les canaux résinifères sont des cavités cylindriques, étroites, longitudinales, parfois aussi transversales, entourées de cellules spéciales qui sécrètent la térébenthine. Ils offrent, sur la tranche et le fil du bois, un aspect fort semblable à celui des vaisseaux; mais ils s'en distinguent toujours aisément à leur nombre beaucoup moindre, à leur répartition inverse de celle des vaisseaux, la région externe de la couche annuelle en renfermant plus que l'interne. Ils sont nombreux et très-apparents chez les pins et le mélèze; ils sont rares et peu visibles chez l'épicéa; ils manquent presque complétement chez le sapin.

Les divers éléments qui constituent le bois sont quelquefois uniformément répartis dans toute l'épaisseur de la couche annuelle qui, dans ce cas, offre à l'œil l'aspect d'une homogénéité parfaite; mais le plus souvent il n'en est pas ainsi : chez les feuillus les vaisseaux sont plus gros ou plus nombreux vers le bord interne que vers le bord externe; chez les résineux les fibres sont plus larges, à parois plus minces dans cette même région. Il en résulte que, dans une même couche, la zone interne est formée par du bois plus mou, moins résistant, souvent aussi moins coloré que celui de la zone externe. On lui donne le nom de *bois de printemps*, et à cette dernière celui de *bois d'automne*, en se fondant sur le moment de l'année où chacune d'elles s'est plus spécialement formée sans qu'il y ait eu toutefois discontinuité entre la production de ces deux régions.

Chaque année il se forme une nouvelle couche de bois à l'extérieur de celle de l'année précédente. Elle est constituée exactement de la même manière que celle-ci. Il suit de là que l'âge d'une portion quelconque d'un arbre correspond au nombre des couches de la section; que l'âge de l'arbre lui-même est égal au nombre des couches que l'on compte sur sa souche, à la condition toutefois que l'exploitation soit faite rez-terre, à la hauteur du plant de première année.

Si cette condition n'est pas réalisée, ce qui est le cas le plus habituel, on ajoute au nombre trouvé autant d'unités qu'il a probablement fallu d'années au jeune plant pour atteindre la hauteur à laquelle s'est fait l'abatage. Ce nombre varie évidemment avec l'essence, indépendamment de la hauteur de la section; ainsi il faudra ajouter un nombre d'années plus grand pour un sapin, dont la croissance est fort lente pendant les premières années, que pour un pin sylvestre, qui de bonne heure croît rapidement.

Le comptage des accroissements annuels est facile ou difficile, suivant que la différence entre le bois de printemps et le bois d'automne est prononcée ou qu'elle l'est peu. Ainsi, les chênes pédonculé et rouvre, les ormes, les pins, les sapins ont un bois de printemps fort distinct du bois d'automne; par suite, la limite entre chaque couche annuelle est nettement tracée. Pour le motif inverse, elle est souvent difficile à voir chez les charmes, les érables, par exemple. Il peut même arriver que la difficulté du comptage des accroissements soit telle qu'il y ait incertitude sur l'âge exact de l'arbre.

Dans l'ensemble du bois d'un arbre on distingue ordinairement deux régions : l'*aubier* et le *bois parfait.*

L'*aubier* est le bois jeune que recouvre immédiatement l'écorce. Il est blanc, gorgé de séve, sujet à la pourriture et à la vermoulure quand il est mis en œuvre.

Le *bois parfait* est le bois plus âgé que recouvre l'aubier; il va jusqu'à la moelle. Il a le plus souvent une coloration propre, quoiqu'il puisse aussi rester blanc, chez le charme, par exemple. Il résiste, aussi bien que le comporte l'espèce, aux causes de destruction.

Chez certaines essences, l'aubier est de très-mauvaise qualité et doit être rejeté; chez les autres, il est moins mauvais et il s'emploie concurremment avec le bois parfait dont il diffère peu.

En général, les bois parfaits, les meilleurs au point de vue de la dureté et de la résistance à la décomposition, sont accompagnés du plus mauvais aubier (chênes et pins), tandis que ceux de qualité inférieure offrent un aubier passable (peupliers, sapin, épicéa).

Certaines essences ont beaucoup d'aubier (pins); d'autres passablement (chênes); il en est qui en présentent fort peu (châtaignier, mélèze). C'est pour cette raison que le châtaignier est fort recherché pour certains emplois qui n'exigent que des bois de très-faibles dimensions, pour faire des échalas, par exemple.

La quantité d'aubier est susceptible de varier dans d'assez larges limites pour des arbres de même essence, et au point de vue du nombre des couches qui le composent, et au point de vue de son épaisseur totale. Une des causes qui a l'influence la plus marquée est l'âge de l'arbre. En général, plus un arbre est âgé, plus il présente de couches d'aubier. En effet, chaque année, à la production d'une nouvelle couche de bois ne correspond pas la transformation en bois parfait de la couche d'aubier plus anciennement constituée, mais seulement d'une portion de celle-ci à peu près égale en épaisseur à la couche de bois formée. Or, comme à un certain âge les arbres forment chaque année des accroissements de plus en plus faibles, il en résulte que le passage d'une couche entière d'aubier à l'état de bois parfait exige plusieurs années, et que le nombre des couches d'aubier va toujours s'accroissant. Mais, en réalité, chaque année l'épaisseur du nouveau bois parfait est un peu supérieure à celle de l'aubier produit, et par suite l'épaisseur totale de l'aubier diminue. La vérification de ces faits est particulièrement facile chez les pins. Ainsi, sur un pin laricio, âgé de 76 ans, provenant de la forêt d'Aïtone (Corse), on a compté 66 couches d'aubier occupant 4/5 du rayon, tandis que sur un arbre de même essence, provenant de la forêt de Rospa (Corse), 237 couches d'aubier occupaient les 12/26 du rayon. Il est bon de remarquer que le pin laricio est de tous les pins indigènes celui dont l'aubier est de beaucoup le plus épais et à couches les plus nombreuses. Dès que le bois est parvenu à l'état parfait, il a acquis toutes ses qualités; l'âge n'y peut plus rien ajouter. Il est possible, par contre, qu'il se détériore, et naturellement c'est par les couches les plus âgées, les plus profondes, que cette altération commence. Elle se manifeste d'abord par des colorations plus foncées et arrivant parfois presque jusqu'au noir, à contours irréguliers, qu'on observe fréquemment chez plusieurs arbres : chez les poiriers, les alisiers, les chênes yeuses, par exemple. Dans ce cas, elle est encore très-faible et le bois conserve à peu près toutes ses qualités. Mais cette altération peut augmenter, arriver à la décomposition, le bois peut même finir par se détruire, le tronc se creuse, ce que l'on observe très-fréquemment chez les vieux arbres.

Qualité des bois. — La qualité des bois dépend de propriétés nombreuses, au premier rang desquelles il convient de placer la pesanteur spécifique ou *densité* qui en règle la dureté et la valeur comme combustible.

On les partage habituellement sous ce point de vue en *bois feuillus* (des vaisseaux et point de résine) et *bois résineux* (de la résine et point de vaisseaux). Les premiers se distinguent en *bois durs* ou lourds dont la densité est égale ou supérieure à 0,70, et et en *bois mous*, légers. On désigne dans le langage habituel ces derniers par le nom de *bois blancs* qui est assez impropre, certains bois lourds, le charme par exemple, étant parfaitement blancs, tandis que des bois légers peuvent offrir des colorations assez vives : plusieurs saules, l'aune commun, par exemple. Dans la première catégorie se rangent les chênes, les hêtres, les charmes, les frênes, les ormes, les érables, les cerisiers et tous les fruitiers; dans la seconde : les aunes, les bouleaux, les peupliers, les saules, les tilleuls.

La densité peut varier dans des limites très-étendues; dans une série de recherches sur les bois de France et d'Algérie on l'a trouvée atteignant près de 1,200 pour un chêne yeuse d'Algérie et tombant au-dessous de 0,350 pour un épicéa du Jura.

Elle varie d'essence à essence, et pour une même essence d'arbre à arbre, suivant les conditions de végétation. En général, plus le feuillage est abondant, plus la situation est méridionale, plus la pesanteur des bois de même espèce est élevée.

On constate habituellement que, chez les résineux, la pesanteur est en raison inverse de l'épaisseur des accroissements. C'est pour cela que le bois des branches y est bien plus lourd et meilleur combustible que celui de la tige. C'est pour cette raison aussi que, pour les emplois qui n'exigent que de faibles dimensions, on préfère les sapins qui sont dominés à ceux qui ont végété à découvert.

Chez les bois feuillus à vaisseaux inégaux, où

par suite la différence entre le bois de printemps et le bois d'automne est très-prononcée, tels que les chênes, la pesanteur est d'autant plus élevée que les couches annuelles sont plus larges, et le bois des branches est dès lors moins lourd que celui de la tige. Mais pour que cette loi soit exacte, on ne doit comparer que le bois d'arbres soumis aux mêmes conditions de climat, autrement on arriverait à des conclusions erronées. Ainsi le chêne rouvre des bords de la Méditerranée à accroissements minces est habituellement plus lourd, et dans une assez forte proportion, que celui qui a végété sur les coteaux du nord de la France.

Pour les bois dont la couche annuelle est très-homogène, où la distinction entre bois de printemps et bois d'automne est nulle ou à peu près, tels que les hêtres, il est impossible d'établir aucune loi, l'influence du climat paraît être prépondérante.

Écorce. — L'écorce des arbres varie beaucoup avec l'âge et avec l'espèce, et les différences qu'on y observe permettent au praticien de les reconnaître très-aisément, même en hiver.

Les principales zones de l'écorce sont, du dedans au dehors : le *liber*, l'*enveloppe cellulaire verte*, et l'*enveloppe subéreuse*.

Le liber des essences forestières est constitué essentiellement par des fibres allongées caractéristiques, et des vaisseaux ou tubes spéciaux. On y trouve aussi du tissu cellulaire. De l'abondance des fibres dans le liber, de leur longueur et de leur ténacité, il résulte que cette portion de l'écorce fournit de précieuses matières textiles, soit chez les plantes herbacées, soit même chez les arbres.

L'enveloppe verte est une membrane formée de cellules renfermant de la matière verte.

L'enveloppe subéreuse est aussi un tissu cellulaire, mais dont les cellules cessent rapidement de vivre et sont alors remplies par des gaz. Leurs parois sont brunes et parfaitement imperméables.

Ces diverses régions peuvent s'accroître indépendamment les unes des autres, par leur face interne ; mais habituellement la vie se porte de préférence sur l'une ou l'autre d'entre elles, qui prend souvent dans ce cas un grand développement.

Ainsi, le liber du tilleul s'accroît beaucoup et fournit une matière textile employée à des usages divers ; celui du chêne, gorgé de matières astringentes, sert à la préparation des cuirs; broyé pour cet usage, il devient ce que l'on appelle le *tan*. C'est l'enveloppe subéreuse de quelques chênes méridionaux qui fournit le *liége* du commerce; cette enveloppe se régénère après avoir été enlevée, contrairement à ce qui s'observe pour le liber, dont la perte cause la mort des arbres qui l'ont subie.

Indépendamment de ces trois couches normales, on remarque chez beaucoup d'arbres, soit dans l'enveloppe verte, soit dans le liber, la production, en lames de formes et de dimensions variables, d'un tissu cellulaire de propriétés identiques à celles de la couche subéreuse. Par suite de son imperméabilité, toutes les portions de l'écorce qui sont au-dessus de lui cessent de vivre, mais restent habituellement plus ou moins longtemps adhérentes à celles qui se trouvent au-dessous d'elles. Aussi ce tissu est un des agents les plus importants de la diversification des écorces.

CHAPITRE IV.

Feuilles.

Définition. — Les feuilles sont des organes verts, plus ou moins étendus en une lame mince, insérés sur les parties latérales des jeunes pousses.

Composition et structure. — On y distingue le plus souvent une portion plane et élargie qu'on nomme le *limbe*, et un prolongement grêle qui le supporte, vulgairement la queue de la feuille, et qui s'appelle *pétiole;* celui-ci peut manquer et la feuille est dite sessile. De chaque côté du pétiole on remarque souvent sur la jeune pousse, au point où il s'insère, des expansions de taille, de consistance et de forme variables qui portent le nom de *stipules*. Elles ont une durée très-variable ; elles peuvent vivre autant que la feuille, ou à peu près, comme c'est le cas pour certains saules; elles peuvent au contraire avoir une durée très-limitée et tomber même au moment du développement de la feuille hors du bourgeon, ce qui se passe habituellement chez les chênes, les hêtres.

Le *pétiole* est essentiellement formé par des vaisseaux et des fibres, mais qui n'offrent pas une disposition circulaire autour d'une moelle, comme cela s'observe sur la tige et les rameaux. Le faisceau unique formé par le pétiole se divise habituellement en pénétrant dans le limbe pour former les *nervures*, qui en sont pour ainsi dire la charpente ; les premières divisions se partagent à leur tour en nervures de plus en plus fines, qui finissent par s'unir entre elles chez tous les bois feuillus pour constituer un réseau, entre les mailles duquel se trouve un tissu cellulaire rempli de matière verte ; le tout est recouvert par une membrane qui porte le nom d'*épiderme*. Cet épiderme est percé, à la partie inférieure surtout, de petites ouvertures qui font communiquer l'intérieur de la feuille avec l'air extérieur, et qu'on appelle des *stomates*.

Les nervures sont disposées d'une manière spéciale pour chaque plante et qui constitue ce qu'on appelle la *nervation*. Celle-ci peut se ramener à quelques types, dont les principaux sont importants à connaître au point de vue de la détermination des espèces végétales ; ce sont les suivants :

La nervation *parallèle*, dans laquelle les nervures sont parallèles entre elles, sans qu'aucune ait plus d'importance que les autres. Ce type, dont les végétaux forestiers indigènes n'offrent pas d'exemple, est celui de la feuille de nos céréales : blé, seigle, orge.

La nervation *pennée*, dans laquelle on trouve une nervure principale en prolongement direct du pétiole, de laquelle se détache de chaque côté, de distance en distance, des nervures secondaires disposées comme les barbes d'une plume ; elle est très-commune chez les arbres forestiers : cerisiers, sorbiers, chênes, hêtres, châtaigniers, saules, etc.

La nervation *palmée*, dans laquelle un certain nombre de nervures à peu près d'égale importance divergent en éventail à partir du sommet du pétiole. Celles-ci donnent naissance à des nervures moins fortes. Elle est plus rare que la précédente chez les végétaux forestiers. On l'observe chez les érables.

La feuille est souvent représentée par une sorte de lanière grêle et linéaire, formée d'une nervure et de parenchyme. Telle est celle des pins et des sapins. Dans ce cas, elle prend le nom d'*aiguille*.

Durée. — La durée de la feuille varie.

Il se peut que les feuilles tombent avant d'être remplacées, et que l'arbre en reste dépouillé pendant un temps plus ou moins prolongé, généralement de l'arrière-saison au premier printemps. Elles sont dites *caduques*. C'est le cas le plus habituel pour les arbres indigènes.

Mais il arrive aussi que les feuilles persistent et restent vertes assez longtemps pour que l'arbre n'en soit jamais dépourvu. Dans ce cas, on les appelle *persistantes*, bien qu'en réalité elles finissent par tomber au bout d'une ou de quelques années.

Les arbres à feuilles persistantes sont souvent désignés sous le nom d'*arbres verts*, dénomination que l'on considère souvent comme synonyme de celle de conifères, à tort; car, même en France, on trouve des arbres à feuilles persistantes en dehors de cette famille, les chênes yeuse, liége, occidental, par exemple, et un conifère, le mélèze, a les feuilles caduques.

La durée des feuilles persistantes est extrêmement variable, elle peut varier pour les espèces indigènes en France, de deux à douze ans. Cette durée est réglée par l'essence, l'âge et le tempérament de l'arbre. L'âge a pour résultat de rendre la persistance moins considérable.

Cette durée a une grande importance au point de vue du couvert. C'est en partie à ses feuilles, pouvant persister jusqu'à dix et douze ans, que le sapin doit son épais couvert; le pin sylvestre, dont le couvert est léger, l'a cependant un peu plus fort pendant la jeunesse; les feuilles persistent trois et quatre ans, tandis que plus tard elles restent deux et trois ans au plus sur les rameaux.

On peut constater que des feuilles sont persistantes à la consistance toujours plus coriace de leurs tissus; ainsi les feuilles des pins, des sapins, des épicéas, qui peuvent même devenir piquantes, tandis que celles du mélèze restent herbacées. On peut arriver même à connaître la durée de la persistance pour un arbre, en déterminant l'âge du rameau qui porte encore des feuilles vertes, la feuille étant toujours de l'âge de la pousse qui la porte.

Il peut se faire que les feuilles, tout en se desséchant, restent adhérentes à l'arbre pendant l'hiver, comme cela s'observe si fréquemment chez les chênes rouvre et pédonculé ; dans ce cas, elles sont dites *marcescentes*.

Forme. — La forme des feuilles est très-variable et sert à caractériser les espèces. Indépendamment de la forme générale, on a aussi égard, dans la description de la feuille, à celle de ses bords, qui peuvent ne présenter aucune échancrure : dans ce cas, elle est dite *entière;* ou bien être découpés de diverses manières, d'où la feuille est dite *dentée*, *lobée,* etc.

On les distingue en *feuilles simples* et *feuilles composées*.

Les premières sont celles qui n'offrent qu'un limbe unique, tandis que chez les secondes, deux ou plusieurs limbes bien distincts s'attachent sur un pétiole commun. Ces limbes partiels portent le nom de *folioles*, et ils présentent, dans leur distribution sur le pétiole commun, les mêmes dispositions que les nervures d'une feuille simple, c'est-à-dire que les feuilles composées peuvent être *pennées* ou *palmées*.

Les feuilles de la plupart des végétaux forestiers sont simples ; parmi les arbres indigènes, elles ne sont composées que chez les frênes, les robiniers et les sorbiers. Elles sont pennées dans ces trois genres.

Indépendamment des différences de formes qui caractérisent les feuilles des végétaux d'espèces différentes, on en observe souvent de considérables qui portent également sur la consistance, la couleur, etc., chez la même espèce, suivant la région du végétal que l'on considère. Les plus fréquentes et les plus considérables parmi ces variations portent sur les premières feuilles que développe le végétal après la germination, et sur celles qui précèdent immédiatement la fleur.

Les deux premières feuilles dont est pourvu le végétal, ne sont bien souvent que les cotylédons dont nous parlerons plus loin, développés et renfermant de la matière verte; ils prennent alors le nom de feuilles *séminales*.

Les feuilles qui suivent celles-ci ou même les premières, lorsque les cotylédons restent souterrains, sont habituellement moins développées que les feuilles normales, plus simples dans leurs contours. Il peut arriver même qu'elles soient, comme cela se voit chez le frêne, simples, alors que la feuille adulte est composée ; à mesure que de nouvelles feuilles se développent, elles se rapprochent de la forme type, à laquelle elles arrivent plus ou moins vite.

Les feuilles qui précèdent la fleur, et parfois

en nombre assez considérable, offrent souvent des modifications plus importantes encore ; elles sont moins développées en surface que la feuille normale, de consistance différente, habituellement plus molle, de coloration verte moins franche; souvent celle-ci disparaît plus ou moins complétement. Ces feuilles, ainsi modifiées, portent le nom de *bractées.*

Insertion. — L'insertion, c'est-à-dire le mode suivant lequel les feuilles sont distribuées sur les pousses, est un excellent caractère distinctif des espèces, d'une facile appréciation en toutes saisons ; les bourgeons sont en effet placés sur les pousses, celles-ci sur les rameaux d'après les mêmes lois.

Il y a deux types principaux d'insertions : le *type alterne* et le *type opposé.* Dans le premier, les feuilles sont disposées sur la pousse à des hauteurs différentes, suivant une spire assujettie à des lois déterminées. Dans la plus simple de ces spires, les feuilles forment une rangée de chaque côté de la pousse; l'insertion, dans ce cas, est dite distique. L'orme champêtre la présente d'une façon très-caractéristique.

Dans le second, les feuilles se trouvent deux par deux à la même hauteur aux extrémités d'un même diamètre, les deux feuilles immédiatement supérieures ne se trouvant pas au-dessus des deux premières que l'on considère, mais dans leur intervalle, et ainsi de suite.

Les feuilles opposées sont beaucoup plus rares que les feuilles alternes. Elles distinguent les érables et les frênes.

Rôle. — Le rôle des feuilles est extrêmement important. Elles sont le siége de l'élaboration de la séve nutritive.

Par l'évaporation incessante qui se produit à leur surface, elles sollicitent l'absorption de l'eau du sol, et, avec elle, celle des matières solubles qui s'y rencontrent; par leur matière verte et sous l'influence de la lumière, elles absorbent directement dans l'air du carbone, sous forme d'acide carbonique.

C'est de la combinaison, dans leurs tissus, des matériaux puisés dans le sol et dans l'athmosphère, que résulte la séve nutritive des végétaux.

Cette séve est naturellement d'autant plus abondante, que les feuilles sont plus développées et d'un vert plus intense. Aussi dit-on souvent avec raison que l'accroissement du bois d'un arbre est proportionnel à son développement foliacé.

CHAPITRE V.

Bourgeons.

Définitions. — A l'extrémité des pousses des arbres, et généralement à la base (*aisselle*) des feuilles, on observe des corps de forme assez variable, d'où doivent sortir les pousses nouvelles et les fleurs. Ces corps sont les *bourgeons.*

Suivant les organes qu'ils produiront, les bourgeons sont à feuilles ou à fleurs, souvent à la fois à feuilles et à fleurs. Tous ceux qui sont destinés à fournir des fleurs sont plus renflés que les bourgeons à feuilles. Comme ils se forment en même temps que la feuille, à la base de laquelle ils sont placés, et qu'ils ne doivent se développer que l'année d'après, il en résulte qu'une floraison et probablement une fructification abondantes peuvent être prévues une année à l'avance, ce qui peut offrir quelque intérêt parfois pour l'exécution des opérations culturales. Il en résulte aussi qu'une fainée ou une glandée ne dépend pas exclusivement de la température du printemps au moment de la floraison, mais encore de l'été qui la précède. En réalité, ce n'est pas une, mais deux années favorables qui sont nécessaires pour assurer une fructification abondante.

Position. — Relativement à la position, ainsi que cela résulte de ce qui a été dit plus haut pour les définir, les bourgeons sont terminaux ou axillaires; les premiers concourent à l'allongement de la tige, des branches et des rameaux; les seconds servent à les ramifier.

Structure. — Chez tous les arbres indigènes dont les bourgeons doivent traverser l'hiver, ceux-ci sont revêtus d'organes de protection appelés *écailles*, et par suite les bourgeons portent le nom d'*écailleux*. Sous leur abri se trouvent les feuilles encore rudimentaires, présentant des dispositions spéciales et caractéristiques connues sous le nom de *préfoliaison*. Ainsi, prises isolément, elles peuvent présenter divers modes de plissement ou d'enroulement; considérées dans leur ensemble, elles peuvent se recouvrir les unes les autres de diverses façons.

Un bourgeon ne produit habituellement qu'une seule pousse simple par saison de végétation, de sorte que le nombre des pousses qui, disposées bout à bout, constituent une tige ou une branche, exprime l'âge de cette tige ou de cette branche. Les sapins, chez lesquels on est aidé dans la détermination du nombre des pousses par la disposition très-régulière de la ramification, nous offrent un exemple facile à constater de ce fait. Toutefois, il peut arriver normalement ou accidentellement qu'un bourgeon se développe dans la saison où il s'est constitué : on lui donne alors le nom de *prompt-bourgeon* C'est ce que l'on constate, par exemple, chez le chêne pédonculé, qui produit généralement deux pousses par an.

La grosseur, la forme, la couleur, le nombre des écailles, la disposition des bourgeons, sont très-caractéristiques. A leur aide, le praticien distingue aisément les végétaux, quand ils ont perdu feuilles, fleurs et fruits. Exemples : le frêne commun a les bourgeons opposés, pyramidaux, d'un noir velouté ; le hêtre a les bourgeons alternes, à écailles nombreuses, en fuseaux étroits, allongés, aigus ; le chêne (rouvre ou pédonculé) a les bourgeons alternes ovoïdes, à écailles nombreuses, les derniers de chaque pousse agglomérés à la base du bourgeon terminal, etc., etc.

Mode d'évolution. — A la différence des racines qui s'allongent seulement par leur extrémité, les pousses aériennes se développent dans toute la longueur de la portion comprise à l'intérieur des écailles du bourgeon. En général, cet accroissement est régulier, de telle sorte que les feuilles se trouvent régulièrement espacées. Il y a cependant des exceptions à cette loi.

Bourgeons adventifs. — Outre les bourgeons dont

il vient d'être parlé et dont la position est réglée sur le végétal, il peut accidentellement s'y former des bourgeons qui n'ont pas de situation régulière, et que l'on connaît sous le nom de *bourgeons adventifs*.

Bourgeons proventifs. — Tous les bourgeons axillaires ne se développent pas en pousses nouvelles; beaucoup d'entre eux, affamés par leurs voisins plus robustes, qui appellent à eux et utilisent toute la séve à leur profit, ou bien privés de lumière suffisante par les organes qui les surmontent, sont frappés d'un arrêt de développement et, sans perdre vie, ne donnent lieu au dehors à aucune production apparente. Ces bourgeons sont appelés *proventifs*.

Ils peuvent cesser de l'être et se ranimer si les circonstances qui les ont paralysés viennent à cesser; si, par exemple, les arbres passent de l'état de massif à celui d'isolement, s'ils sont taillés ou exploités. Dans ces cas, les bourgeons proventifs, mieux éclairés ou plus largement nourris, produisent des *branches gourmandes* ou des *rejets de souche*.

Rejets de souche. — Les rejets de souche peuvent aussi résulter de bourgeons adventifs, dont la coupe de l'arbre provoque la formation.

Les rejets proventifs sont les plus nombreux, les plus vigoureux, les mieux assis; leur insertion sur la souche est latérale. Les rejets adventifs, plus rares, plus grêles, sont fragiles et naissent directement du bourrelet qui se produit sur la section même, entre l'écorce et le bois.

Toutes les essences ne présentent pas la précieuse propriété de repousser de souches, ni le grave inconvénient de se couvrir de branches gourmandes. Sous ce rapport, les bois feuillus et les bois résineux indigènes forment le contraste le plus parfait. Les premiers, avec de nombreux bourgeons axillaires, en conservent plus ou moins à l'état proventif et repoussent plus ou moins bien de souche; les seconds, avec très-peu de bourgeons axillaires, n'en conservent point à l'état proventif et ne peuvent par conséquent repousser. Les bois feuillus eux-mêmes présentent sous ce rapport de grandes différences qui tiennent, d'une part, à ce que le nombre des bourgeons qui restent à l'état proventif est très-variable entre espèces différentes, et, de l'autre, à ce que la vitalité en est très-différente. Ainsi, le hêtre a peu de bourgeons proventifs, et ils périssent assez prématurément, tandis que le chêne en a beaucoup et d'une longévité considérable. Mais la faculté qu'ont les essences forestières de repousser de souche, ne dépend en rien, comme on l'a dit pendant longtemps, de la structure de l'écorce. Il est évident que les rejets provenant de bourgeons constitués sur un bourrelet de récente formation (adventifs), ou plus souvent de bourgeons proventifs, n'ont point à percer l'écorce de la souche.

Le rejet de souche se constitue un enracinement spécial, s'isole de la souche qui ne tarde pas à périr. Ce fait explique fort bien la persistance des taillis simples, même lorsqu'on s'abstient d'y faire des plantations. Il montre aussi que dans les prescriptions d'exploitation des taillis, il n'y a pas à s'inquiéter des souches de la précédente coupe, qui n'existent plus ou sont devenues des corps absolument inertes.

Ce qui vient d'être dit sur l'origine des rejets de souche, montre aussi pourquoi ils sont généralement inférieurs aux brins de semence comme vigueur et comme longévité. Provenant de bourgeons restés longtemps en souffrance, ils sont atteints d'un vice originel qui les suit pendant toute leur existence.

Greffe. — A l'étude du bourgeon, on peut rattacher celle d'un mode de multiplication des végétaux qui porte le nom de greffe. Elle consiste essentiellement dans le transport sur un végétal appelé *sujet*, d'une portion d'un autre végétal nommée *greffe*, de telle sorte que celle-ci s'implante sur le premier, s'y soude et vive de sa vie propre.

Deux conditions sont nécessaires pour la réussite de la greffe. La première est de mettre le cambium du sujet et celui de la greffe en contact aussi étendu et aussi intime que possible ; la seconde, d'employer des végétaux d'organisation très-analogue, généralement de même espèce ou au moins de même genre. Il y a quelques anomalies cependant sous ce rapport : ainsi, le poirier réussit très-mal sur le pommier, dont il est très-voisin, et beaucoup mieux sur le néflier et même l'aubépine, qui en sont beaucoup plus éloignés ; mais ce sont des faits rares. Il faut, dans tous les cas, que les sujet et greffe soient de même famille, et encore doit-elle être très-naturelle. Il est nécessaire, en outre, que les deux espèces que l'on veut unir par la greffe aient un mode de végétation analogue ; ainsi, on ne pourrait réussir à greffer un chêne à feuilles caduques sur un individu d'espèce à feuilles persistantes.

Le grand avantage de la greffe est d'obtenir des végétaux qui reproduisent fidèlement jusqu'aux plus infimes particularités du végétal que l'on désire multiplier, telles souvent qu'on ne les obtiendrait sûrement pas par le semis. Aussi, la greffe est-elle fort utilisée en horticulture, pour multiplier les variétés utiles ou remarquables des arbres fruitiers ou des végétaux d'ornement. Elle conserve ces variétés; mais elle ne saurait, comme on se le figure souvent à tort, les produire directement, *elle n'améliore pas* par elle-même. Les fruits d'un poirier greffé ne sont pas supérieurs à ceux de l'arbre qui a fourni la greffe. Ils leur sont identiques. On l'emploie aussi pour multiplier les végétaux étrangers importés et qui ne fructifient pas sous notre climat.

La greffe est sans application en sylviculture, puisqu'elle ne multiplie pas le nombre de pieds d'arbres, qu'elle en change seulement la nature; d'ailleurs les arbres forestiers, étant tous indigènes, se reproduisent facilement par semis. Les motifs qui la font employer si fréquemment en horticulture n'existent pas en culture forestière.

Les modes de greffes sont très-nombreux, ils peuvent se ranger en trois catégories : la greffe par bourgeons, où l'on transporte un seul bourgeon sur le sujet; la greffe par rameaux, dans laquelle le sujet reçoit un ou plusieurs jeunes rameaux; la greffe par approche, dans laquelle l'union se fait entre rameaux encore adhérents aux pieds qui les fournissent, ou même entre deux ou plusieurs tiges. C'est la seule qui ait quelque intérêt au point de vue forestier, parce qu'elle s'exécute souvent dans les forêts sans l'intervention de l'homme entre arbres très-rapprochés et à écorce peu épaisse. C'est à elle que sont dus les arbres qui, avec une base commune, semblent avoir, à partir d'une certaine hauteur, des tiges multiples. Les racines sont aussi susceptibles de se greffer par approche. C'est ce qui explique comment des souches de sapin peuvent produire de nouvelles couches de bois, et souvent recouvrir plus ou moins complétement leur section d'abatage. Elles profitent par la soudure d'une de leurs racines avec celle d'un arbre voisin, de la séve élaborée par celui-ci.

CHAPITRE VI.

Organes de la reproduction.

Les organes de cet ordre sont la fleur et le fruit.

Article premier. — Fleurs.

Structure. — La fleur à l'état le plus complet est formée de parties diverses, disposées suivant quatre cercles successifs, savoir, en procédant du dehors au dedans : le *calice*, la *corolle*, les *étamines* et le *pistil*.

La fleur est, le plus souvent, portée par un rameau plus ou moins allongé, rameau spécial qui prend le nom de *pédoncule*. C'est ce qu'on appelle vulgairement la queue de la fleur. Il peut se faire qu'il soit tellement raccourci qu'il semble manquer. Dans ce cas, la fleur est dite *sessile*.

Le calice et la corolle sont des organes protecteurs sous lesquels s'abritent les étamines et le pistil, qui représentent les organes essentiels, sexuels ou reproducteurs.

Tous les organes qui composent la fleur suivent entre eux la loi d'*alternance*, c'est-à-dire qu'une pièce du cercle supérieur de l'un n'est pas opposée à une du cercle immédiatement inférieur. Ainsi, une pièce de la corolle n'est pas opposée à une du calice ou à une étamine, mais se trouve placée exactement dans l'intervalle qui sépare deux d'entre elles.

Bractées et involucre. — Au-dessous de la fleur, et à une distance plus ou moins grande du calice, peuvent se trouver des *bractées*, dont il a été question déjà dans le chapitre consacré aux feuilles. Ces bractées peuvent se souder en partie avec le pédoncule, comme les tilleuls en offrent un exemple remarquable. Il peut se faire que des bractées se trouvent réunies en plus ou moins grand nombre, de manière à former un cercle qui enveloppe plus ou moins complétement une ou plusieurs fleurs. Elles constituent alors ce qu'on nomme un *involucre*. Plusieurs végétaux forestiers des plus importants par leur taille et leur abondance (chêne, hêtre, châtaignier, charme, noisetier), sont caractérisés par un involucre qui, de plus, chez eux, est *accrescent*, c'est-à-dire se développe après la floraison, et recouvre en totalité ou en partie les fruits.

Floraison. — Les végétaux ne commencent à fleurir qu'à un âge déterminé, qui, pour les végétaux ligneux, les arbres particulièrement, doit être de plusieurs années. Tous les arbres ne produisent pas des fleurs en égale abondance; en général, ceux qui souffrent pour une cause quelconque sont les plus féconds. En outre, certaines espèces ne fleurissent pas tous les ans; ainsi, après une floraison abondante pour le charme ou le hêtre, il peut se faire que, l'année suivante, on ait peine à trouver quelques arbres fleuris, même dans une forêt de grande étendue.

Tous les végétaux exigent pour fleurir une certaine quantité de chaleur; mais elle est très-variable, suivant les espèces. Ainsi, tandis que le noisetier se contente d'une température moyenne de 3 degrés centigrades, il en faut au châtaignier une de plus de 17 degrés. Il en résulte deux conséquences : la première, c'est que les espèces qui croissent ensemble fleurissent à des époques de l'année fort différentes; la seconde, c'est que le moment de la floraison varie beaucoup pour une même espèce, suivant les climats. Ainsi, les essences que l'on trouve dans toute la France ont une floraison beaucoup plus précoce dans le Midi que dans le Nord.

L'espace de temps pendant lequel une plante reste fleurie chaque année est généralement fort limité; le plus souvent il se réduit, pour nos végétaux forestiers, à quelques jours.

Calice. — Le calice est généralement vert, et les fololies qui le composent se nomment *sépales.* Ceux-ci peuvent être libres ou soudés entre eux. Cette soudure peut être plus ou moins complète; tantôt les sépales restent presque isolés, tantôt, au contraire, ils peuvent être unis très-intimement, en sorte que, par leur réunion, ils semblent constituer un organe simple.

Ces folioles, de forme variable, ont une structure fort analogue à celle des feuilles, c'est-à-dire qu'elles sont constituées essentiellement par des nervures formées de fibres et de vaisseaux, et par du tissu cellulaire.

Le nombre en est fort variable d'espèce à autre; il n'est pas toujours constant pour une même espèce.

La durée du calice est très-variable ; il peut tomber au moment de l'épanouissement de la fleur, ou, au contraire, persister jusqu'à la fructification, ou même jusqu'à la maturité des fruits. Dans ce cas, il est quelquefois susceptible de prendre un développement plus considérable que celui qu'il avait au moment de la floraison.

Corolle. — La corolle, ou seconde enveloppe florale, est ordinairement parée de vives couleurs ; quoiqu'elle semble souvent la moins importante des parties d'une fleur, c'est elle qui, en général, attire le plus l'attention, à raison de sa beauté et aussi de l'odeur qu'elle répand fort souvent. Les folioles qui la forment sont les *pétales* qui restent distincts ou se soudent entre eux. Cette soudure, comme pour les sépales, peut varier beaucoup. Tantôt les pétales restent presque libres; tantôt, au contraire, ils sont si étroitement unis qu'il est impossible de les distinguer à simple vue dans la corolle. Lorsque les pétales restent libres, leur portion inférieure plus ou moins rétrécie porte le nom d'*onglet*, la portion supérieure celui de *lame;* l'onglet est parfois fort peu développé, presque nul, comme cela se voit chez les roses ; il l'est beaucoup chez d'autres végétaux, l'œillet, par exemple. Lorsque les pétales se soudent, les onglets forment un cylindre plus ou moins parfait qui prend le nom de *tube*, l'ensemble des lames soudées en tout ou en partie porte le nom de *limbe*; les primevères offrent l'exemple d'une corolle ainsi constituée.

Les pétales peuvent, d'ailleurs, offrir les formes les plus variées et être parfois munis d'appendices; ils offrent une structure analogue à celle des sépales, mais avec plus de simplicité; les tissus qui les forment ont moins de résistance. La corolle a une durée variable, généralement assez courte; quelquefois elle se détache ou se flétrit peu d'heures après l'épanouissement de la fleur, chez les lins, par exemple; rarement elle persiste après la formation du fruit et jusqu'à sa maturité, mais toujours à l'état *marcescent*.

Les corolles offrent des formes très-variées qui donnent de bons caractères pour la classification des végétaux. Voici quelles sont les principales :

La corolle est *cruciforme* lorsqu'elle est formée de quatre pétales égaux dont les onglets sont allongés, et les lames, étalées dans un même plan, forment une croix grecque : c'est la corolle du chou, du colza.

La corolle *rosacée* est formée en général de cinq pétales étalés comme dans la rose, qui en est le type, à onglet très-court et à lame fort grande; c'est une forme offerte par un grand nombre de végétaux, parmi lesquels il en est de ligneux ayant quelque importance, comme, par exemple, les cerisiers, les pruniers, les pommiers, les poiriers, les sorbiers.

La corolle *papilionacée* est formée de cinq pétales dont un supérieur, plus développé que les autres, porte le nom d'*étendard*, les deux latéraux celui d'*ailes;* les deux inférieurs, souvent soudés plus ou moins complétement entre eux, forment ce qu'on appelle la *carène*. Les robiniers, les cytises, les genêts, offrent ce type de corolle.

Les corolles à pétales soudés entre eux prennent le nom de *globuleuses* lorsqu'elles sont en forme de sphère; *tubuleuses*, en forme de tube; *campanulées* en forme de cloche; *rotacées* si leur limbe s'étale de manière à présenter l'apparence d'une roue; *labiées* s'il se divise, par deux fentes, en deux portions facilement appréciables et qui sont qualifiées de *lèvres*.

Étamines. — Les étamines forment le troisième cercle floral, et, par leurs fonctions, représentent l'organe sexuel mâle des animaux. Chacune d'elles est composée d'un filament grêle qu'on nomme *filet*, au sommet duquel se trouve un sac habituellement à deux loges, l'*anthère*. Le filet peut manquer; dans ce cas, l'anthère est dite *sessile*.

Le nombre des étamines est très-variable. Il

peut être de un, deux, trois, etc.; lorsqu'elles dépassent celui de douze, elles sont dites *indéfinies.* Les étamines sont susceptibles de se souder par leurs anthères ou par leurs filets. Dans le premier cas, elles sont dites *syngénèses*, par exemple chez les marguerites; dans le second, elles peuvent former un seul faisceau, étamines *monadelphes*, exemples : cytises, genêts; deux faisceaux, étamines *diadelphes*, exemple : robiniers; un nombre de faisceaux supérieur à deux, étamines *polyadelphes*, exemple : millepertuis; les tilleuls offrent fréquemment cette disposition d'une manière plus ou moins nette.

Les loges de l'anthère s'ouvrent habituellement par une fente longitudinale; c'est ce qu'on observe chez tous nos grands végétaux forestiers indigènes; mais elles peuvent laisser échapper leur contenu par des *pores*, chez les bruyères, les airelles par exemple; ou au moyen de valves, chez le laurier.

Les loges de l'anthère contiennent une poussière très-fine, généralement jaune, et que l'on désigne sous le nom de *pollen.* Ces grains renferment la matière fécondante. Chacun d'eux n'est autre chose qu'une cellule pourvue habituellement de deux membranes, et contenant un liquide mêlé de granulations qui est la matière fécondante. Ces deux membranes sont fort différentes : l'externe est ferme, résistante, inextensible sous l'influence de l'humidité, et présente des pores; l'interne est mince, élastique et extensible. Lorsque le grain de pollen est placé dans l'eau, il ne tarde pas à éclater en laissant échapper son contenu; si, au contraire, il se trouve en contact avec un liquide plus dense, tel qu'une solution gommeuse épaisse, la membrane interne fait saillie à travers les pores de l'externe; cette saillie est susceptible d'un grand allongement et forme ce que l'on appelle *boyau pollinique.* Ce boyau joue dans la fécondation un rôle important qui sera expliqué un peu plus loin.

Pistil. — Enfin, au centre de la fleur, on observe un ou plusieurs corps qui constituent ce qu'on nomme le *pistil.* Ils jouent le rôle d'organes sexuels femelles, et, après avoir été fécondés, ils grossissent et forment le fruit. On y remarque à la base un corps renflé, l'*ovaire*, dans la cavité duquel sont les futures graines à l'état de petits boutons appelés *ovules.* Un filament, *style*, surmonte l'ovaire et se termine par un corps garni de papilles, le *stigmate.* Le style peut manquer, et, par suite, le stigmate être *sessile.*

La cavité de l'ovaire peut être unique ou divisée en plusieurs loges par des lames partant de la paroi de l'ovaire et se dirigeant vers son centre, qui portent le nom de *cloisons.*

La paroi ovarienne offre une structure très-analogue à celle des feuilles, comme elles elle est formée de faisceaux fibro-vasculaires et de tissu cellulaire recouverts par une lame d'épiderme interne et une externe.

Les ovules sont en quantité très-variable : de un à un nombre assez considérable pour être dit indéfini. Ils ne sont point insérés indifféremment sur toute la paroi ovarienne, mais bien suivant des lignes fibro-vasculaires spéciales de cette paroi, ou sur une tige ou renflement central également fibro-vasculaire, qui portent le nom de *placenta*.

Le style constitue un tube de structure solide, à l'intérieur duquel se trouve un tissu à cellules allongées très-lâchement unies.

Quant au stigmate, il est de nature celluleuse recouvert de papilles qui lui donnent l'aspect velouté, et il sécrète une substance visqueuse.

Indépendamment des soudures que les diverses pièces de chacun des cercles d'organes floraux sont susceptibles de contracter entre elles et dont il a déjà été question, celles de deux cercles successifs ou même des quatre à la fois sont susceptibles de se souder plus ou moins complétement, et il se produit ainsi des modifications apparentes d'une grande importance dans la structure de la fleur.

Variations des fleurs. — Une fleur n'est pas toujours formée de la réunion de tous ces organes; les uns ou les autres peuvent successivement ou simultanément manquer. Ainsi, certaines fleurs, celles d'orme par exemple, n'ont qu'une seule enveloppe florale qui, dans ce cas, est toujours le calice.

Les deux enveloppes peuvent disparaître, et la fleur est dite *nue*. Exemple : les sapins et autres conifères. Que l'enveloppe soit double, simple ou nulle, la fleur est *hermaphrodite* si elle contient les organes sexuels, mâles et femelles. Exemple : érables, tilleuls, fruitiers; elle est *unisexuée* si ces organes sont séparés sur des fleurs différentes, ainsi que cela a lieu chez presque toutes les essences forestières importantes.

Dans ce dernier cas, les fleurs mâles se trouvent sur le même pied que les femelles, ou sont au contraire séparées sur des pieds différents, et les végétaux sont dits *monoïques* ou *dioïques*.

Enfin, certaines espèces possèdent des pieds mâles, des pieds femelles et des pieds hermaphrodites; elles sont nommées *polygames*.

Parmi les principaux végétaux forestiers, sont hermaphrodites : les fruitiers, tilleuls, érables, robiniers, ormes ;

Monoïques : les chênes, hêtres, châtaigniers, charmes, bouleaux, aunes, sapins, épicéas, cèdres, mélèzes, pins ;

Dioïques : les saules et les peupliers ;
Polygame : le frêne.

Disposition et groupement des fleurs. — Les fleurs peuvent être isolées à l'aisselle des feuilles, mais le plus souvent elles sont réunies de manière à former des groupes ou bouquets de formes caractéristiques, naissant soit aux aisselles des feuilles, soit à l'extrémité des pousses.

Les principaux groupes de l'espèce sont : la *grappe*, le *corymbe*, l'*ombelle*, l'*épi*, le *chaton*, le *capitule*.

La *grappe* se compose d'un rameau floral allongé, portant des pédoncules simples ou ramifiés tous égaux. C'est ce qu'on observe chez les groseillers, l'érable sycomore.

Dans le *corymbe*, le rameau principal reste allongé, mais les pédoncules simples ou ramifiés sont de longueur inégale, les plus inférieurs étant les plus longs, de telle sorte que toutes les fleurs se trouvent sur un même plan. C'est la disposition que présentent les érables plane, champêtre, les poiriers, les sorbiers, les alisiers.

Chez l'*ombelle*, le rameau floral ne s'allonge pas : des pédoncules ou des rameaux portant des pédoncules, tous égaux, partent de son extrémité. On trouve ce groupement dans toute la vaste famille de plantes herbacées connues sous le nom d'ombellifères, et plus rarement chez les végétaux ligneux, on la rencontre cependant chez le cerisier, le cornouiller mâle par exemple.

L'*épi* a un rameau floral allongé portant des fleurs sessiles. C'est la disposition que l'on observe chez les plantains, et, avec quelques modifications spéciales, chez les graminées, seigle, orge, froment, etc.

Le *chaton* est une modification de l'épi, dans laquelle un même groupe ne contient que des fleurs mâles ou des fleurs femelles ; de plus, il est articulé de telle sorte qu'après la floraison, au moins, les chatons mâles tombent tout entiers avec toutes les fleurs qu'ils portent. Les végétaux pourvus de chatons sont dits *amentacés*. On observe ce groupement chez les essences forestières les plus importantes, chênes, hêtres, châtaigniers, charmes, noisetiers, peupliers, saules, aunes, bouleaux, conifères.

Chez le *capitule*, le rameau floral ne s'allonge pas, s'étale et porte des fleurs sessiles. Les fleurs de la vaste famille des composées, marguerites, chicorées, bleuets, etc., sont ainsi disposées.

Article 2. — Fruits.

Définition et structure. — Le fruit qui succède à la fleur n'est autre chose que l'ovaire fécondé et accru. L'ovaire est devenu l'enveloppe du fruit, le *péricarpe;* l'ovule a produit la *graine.* Rien de plus varié que le fruit, quant à la dimension relative de ses diverses parties, à leur consistance, au nombre des loges en lesquelles il se divise, au mode suivant lequel ses graines sont mises en liberté, au nombre de ces dernières, etc. Indépendamment de ces variations du péricarpe et de la graine, il peut se faire que la partie la plus apparente de ce que l'on considère vulgairement comme un fruit, n'appartienne ni à l'un ni à l'autre. Ainsi, dans la fraise, le corps rouge, charnu, qui est comestible, n'est autre chose que le support des pistils développés; dans la figue, le corps charnu pyriforme que l'on mange est le sommet du pédoncule creusé et portant à son intérieur les véritables fruits; dans le fruit du mûrier, la matière pulpeuse, également comestible, provient des calices devenus charnus et enveloppant les fruits, etc.

Le *péricarpe* comprend trois régions correspondantes de celles de la paroi ovarienne : une externe, qui résulte du développement de l'épiderme extérieur; une interne, provenant de l'intérieur uni quelquefois à une portion de la couche à faisceaux fibro-vasculaires; et enfin une moyenne résultant de l'accroissement de celle-ci. L'externe est généralement peu développée; c'est ce qu'on appelle vulgairement la peau dans les fruits charnus, tels que pêches, prunes, cerises; la consistance en est molle dans ce dernier cas; elle devient sèche, parcheminée chez les fruits secs. La moyenne peut rester extrêmement mince ou acquérir un développement énorme. C'est elle qui, dans les fruits charnus, constitue ce qu'on nomme la chair; très-mince et offrant peu de consistance chez les ormes par exemple, elle devient crustacée chez les frênes, presque ligneuse chez les tilleuls, charnue chez tous les fruitiers amygdalées (pruniers, pêchers, etc.) et pomacées (poiriers, pommiers, alisiers, etc.). Enfin, la partie interne peut rester extrêmement mince ou devenir crustacée, comme chez les pommiers, ou enfin prendre un certain développement, devenir ligneuse, très-dure, et constituer ce que l'on nomme un *noyau*, chez les pêchers, les pruniers, les cerisiers, par exemple.

Déhiscence. — Les fruits charnus ne sont pas susceptibles de s'ouvrir pour laisser échapper leurs graines; ce que font au contraire les fruits secs lorsqu'ils sont à plusieurs graines. Ceux-ci sont dits *déhiscents*, ceux qui ne s'ouvrent pas portant par opposition le nom d'*indéhiscents*.

La *déhiscence* peut s'exécuter suivant des modes très-divers.

Il peut se former au sommet du fruit mûr deux ou trois ouvertures plus ou moins circulaires par lesquelles s'échappent les graines, par exemple chez les mufliers; ou bien le sommet du fruit s'ouvre, l'orifice étant bordé par des dents, comme cela s'observe chez les œillets; ou bien encore il se fait une fente transversale, et le fruit s'ouvre comme une boîte, chez le mouron des champs par exemple. Mais le mode le plus habituel est celui qui consiste dans la formation d'un certain nombre de fentes longitudinales dans la paroi du péricarpe, ce qui le partage en un certain nombre de fragments réguliers qu'on nomme des *valves*. Celles-ci se renversent à des degrés divers en dehors ou se détachent, et les graines sont mises en liberté. Dans le cas où le fruit présente des loges, les cloisons qui les limitent peuvent ou rester en place, ou suivre les valves, soit entières, soit en se dédoublant. Ce mode de déhiscence, qui prend le nom de *valvaire*, est de beaucoup le plus commun. C'est le seul qu'on observe chez les végétaux forestiers, d'ailleurs fort peu nombreux parmi les espèces de quelque importance dont les fruits sont déhiscents, chez les saules, les peupliers, les fusains, les robiniers, cytises, etc.

Principaux types de fruits. — En se basant sur les considérations qui viennent d'être exposées sommairement, on a distingué et nommé un certain nombre de types de fruits dont la connaissance est importante pour la botanique descriptive. Nous allons énumérer et décrire les principaux, au point de vue surtout de l'étude des végétaux forestiers.

L'*achaine* est un fruit sec, indéhiscent, ne renfermant qu'une seule graine, à péricarpe très-peu développé, mais non soudé à la graine ; on le rencontre fréquemment chez les plantes herbacées. Le fruit des platanes est une réunion d'achaines.

La *samare* est un fruit très-analogue au précédent, mais dont le péricarpe s'est développé, soit sur tout son pourtour, comme chez les ormes, soit dans une seule direction, chez les frênes par exemple, en une aile membraneuse. Le fruit des érables se compose de deux samares à aile latérale et unies par la base.

La *gousse* est un fruit sec, déhiscent, à une seule loge, s'ouvrant à la maturité en deux valves qui se séparent complétement. C'est le fruit de toutes les papilionacées (robiniers, cytises, genêts, etc.).

La *drupe* est un fruit charnu, renfermant un noyau à une seule loge, dont la paroi est constituée par la partie interne du péricarpe. Lorsque la drupe renferme plusieurs noyaux, ou que son noyau unique est à plusieurs loges, elle prend le nom spécial de *nuculaine*. Un grand nombre de végétaux ligneux indigènes ont des fuits rentrant dans cette catégorie, tels sont : les cerisiers, les pruniers, les lauriers, les micocouliers, les oliviers, les cornouillers, les nerpruns, les houx, etc.

Le *gland* est un fruit sec, indéhiscent, à péricarpe mince, enveloppé plus ou moins complétement par un involucre accrescent et provenant d'un ovaire soudé au calice. Ce fruit est celui de plusieurs essences forestières dont quelques-unes comptent parmi les plus importantes. Nous allons le décrire pour chacun des genres les renfermant. Chez les hêtres, les glands, au nombre de deux normalement, renfermant chacun une seule graine, sont complétement enveloppés par un involucre qui, pour cette raison, est dit *péricarpoïde*, qui est déhiscent à la maturité et recouvert d'épines simples.

Chez les châtaigniers, l'involucre péricarpoïde, recouvert d'épines ramifiées, renferme normalement trois glands, mais souvent deux ou un par avortement des autres. Chacun d'eux contient une ou deux graines.

Chez les chênes, l'involucre écailleux, qui prend le nom de *cupule*, recouvre seulement la base d'un gland unique à une seule graine.

Chez les coudriers, l'involucre simple, herbacé,

contient un gland unique, arrondi, ligneux, à une seule graine.

Chez les charmes, l'involucre simple, herbacé, contient un gland unique, à une seule graine, relevé de côtes longitudinales.

La *capsule* est un fruit sec, déhiscent, à une ou plusieurs loges, provenant d'un ovaire, résultat de la soudure plus ou moins complète de plusieurs pistils simples : tel est le fruit des peupliers, des saules, des buis, des bruyères, des fusains, des tamarins, des cistes.

La *pomme* est un fruit charnu, provenant d'un ovaire à plusieurs loges, soudé au calice, dont les dents habituellement couronnent encore le fruit à sa maturité. Elle peut renfermer des pépins ou des noyaux. A la première catégorie appartiennent les fruits des coignassiers, des poiriers, des pommiers, des sorbiers et des alisiers; à la seconde, ceux des aubépines, des néfliers.

La *baie* est un fruit charnu ou pulpeux, généralement à plusieurs loges et à plusieurs graines. Tels sont les fruits des épines-vinettes, des vignes, des groseillers, des viornes, des chèvrefeuilles, des airelles, etc.

Le *cône* est un fruit composé provenant d'un groupe de fleurs que l'on observe chez les bois feuillus et chez les résineux. Chez les premiers, il se compose d'un axe portant des écailles à la base desquelles se trouvent de petites samares. On le rencontre exclusivement chez les bétulacées.

Chez les bouleaux, les écailles sont minces, presque membraneuses et caduques à la maturité. A leur base, on observe trois samares. Chez les aunes, les écailles sont ligneuses, épaisses à l'extrémité, persistantes. A leur base, on trouve seulement deux samares.

Chez les résineux, le cône se compose d'un axe portant des écailles à la base desquelles se trouvent des graines. Ces écailles peuvent être en petit nombre, en tête de clou, et former un fruit globuleux; elles sont alors ligneuses, chez les cyprès par exemple, ou charnues comme chez les genévriers : dans ce cas, le fruit est indéhiscent, tandis que les écailles s'écartent pour permettre la dissémination des graines chez tous les conifères dont les écailles du cône sont ligneuses.

Lorsque les écailles sont plus ou moins planes, en général nombreuses, et forment un cône plus ou moins allongé, elles peuvent être épaisses au sommet, de manière à constituer ce qu'on nomme un *écusson*, c'est ce qui caractérise les pins; ou bien minces et tranchantes, chez les sapins, les épicéas, les mélèzes. Les sapins ont le cône dressé, à écailles caduques; les épicéas ont le cône pendant, à écailles persistantes; les mélèzes, le cône dressé, à écailles persistantes.

Graine. — La graine est la partie essentielle du fruit. Elle se compose d'une enveloppe qui porte le nom d'*épisperme*, et de l'amande. L'épisperme, habituellement formé de deux membranes, est presque toujours de consistance sèche.

La partie principale, souvent unique de l'amande, est l'*embryon*.

L'embryon est un végétal en miniature qui, par la germination, reproduira un individu semblable à ses parents. On y distingue la *tigelle*, la *radicule*, la *plumule* et le *corps cotylédonaire*.

La tigelle est, ainsi que son nom l'indique, une petite tige cylindrique terminée d'un côté par une extrémité pointue destinée à se développer pour former la racine, et qui est la radicule. A son autre extrémité elle porte un bourgeon à feuilles rudimentaires qui, en se développant, produira la tige et ses dépendances, c'est la plumule. Le corps cotylédonaire se compose d'une ou de deux, rarement plusieurs feuilles modifiées, généralement très simples dans leurs contours, qu'on nomme *cotylédons*. Il est situé un peu au-dessous de la plumule.

Le corps cotylédonaire des graines de toutes les essences feuillues indigènes est double, ce qui fait dire que ces végétaux sont *dicotylédonés.* On applique, pour des raisons qui ne sauraient être exposées ici, la même dénomination aux conifères, bien que l'on rencontre chez plusieurs de leurs genres les plus importants, pins, cèdres, mélèzes, sapins, épicéas, un nombre de cotylédons plus considérable.

L'embryon, qui ne peut absorber, pendant la germination, de nourriture ni dans le sol ni dans l'air, puisqu'il n'a encore ni racines ni feuilles développées, a auprès de lui une réserve alimentaire dont il disposera en germant, et que contient, soit le corps cotylédonaire, soit un corps distinct qui l'avoisine et qu'on nomme *albumen.* Cet albumen est un tissu cellulaire rempli de matières alimentaires pour la plante, tout spécialement d'amidon et parfois d'huiles grasses. Ce sont ces mêmes matières que l'on trouve dans le corps cotylédonaire lorsqu'il contribue pour une part sérieuse ou même pour totalité à la nourriture de l'embryon; car l'albumen peut faire complétement défaut. C'est ce qu'on observe chez les chênes, les châtaigniers, les hêtres par exemple. En fait de graines pourvues d'un albumen, on peut citer les pins, sapins, mélèzes, épicéas, etc.

CHAPITRE VII.

Nutrition et accroissement.

Après avoir décrit les organes de nutrition des végétaux, nous allons étudier maintenant leurs fonctions, c'est-à-dire tout ce qui concerne la nutrition et l'accroissement. Mais avant de rechercher la manière dont les plantes s'approprient leurs aliments, il importe de connaître quelles substances elles devront y trouver pour pouvoir se constituer.

Or, si l'on soumet divers végétaux à l'analyse chimique élémentaire, on les trouve invariablement composés de quatre corps simples : *carbone*, *hydrogène*, *oxygène* et *azote*, qui, par la combustion, sont susceptibles de former des produits volatils qui disparaissent dans l'atmosphère. On leur donne le nom de *principes organiques*, parce qu'ils constituent essentiellement la trame des végétaux et divers composés qui se forment en eux sous l'influence de la vie. A ces corps s'en joignent d'autres d'importance très-inégale : *soufre*, *phosphore*, *silicium*, *chlore*, *potassium*, *sodium*, *calcium*, *magnesium*, *manganèse*, *fer*, etc., qui restent, sous forme de cendres, dans les foyers où la combustion s'est opérée. On leur donne le nom de *prin-*

cipes inorganiques. Ils existent en proportion variable, mais toujours faible chez les végétaux; ils y forment ordinairement 1 à 7,5 % au plus du poids de la matière sèche, sauf quelques cas exceptionnels. Bien qu'ils n'entrent pas en général dans la composition des organes élémentaires et des combinaisons organiques qu'ils renferment, ces corps, ou mieux plusieurs d'entre eux, qui seront énumérés lorsqu'il en sera plus spécialement question, sont absolument insdispensables aux végétaux pour qu'ils puissent vivre et se développer.

Principes organiques. — Les principes organiques se combinent entre eux pour former des composés binaires, ternaires et quaternaires très-nombreux, doués des propriétés chimiques les plus diverses : ce sont les *principes immédiats*. Ils peuvent être *neutres*, *acides* ou *basiques*. Les plus importants par leur abondance ou l'importance de leur rôle sont les *ternaires neutres* et les *albuminoïdes*.

Dans les premiers, le carbone est uni à de l'oxygène et de l'hydrogène dans les proportions nécessaires pour former de l'eau. A cette classe appartiennent la *cellulose*, qui constitue la paroi de tous les organes élémentaires à l'état parfait, et, par suite, la masse du bois, la *fécule*, les *su-*

cres, qui se trouvent parfois réunis en quantité considérable dans certains organes du végétal, et qui sont destinés à jouer un rôle important dans les phénomènes de nutrition. Quant aux principes albuminoïdes, le type en est l'*albumine* ou élément constitutif du blanc d'œuf, que l'on rencontre aussi chez les végétaux, surtout dans les organes jeunes et destinés à se développer, où elle est indispensable. Il est inutile d'indiquer ici la composition exacte même des plus importants de ces corps, mais il est bon de connaître, pour pouvoir se bien rendre compte des fonctions de nutrition, celle du bois, le plus important des produits végétaux au point de vue forestier. Elle se rapproche d'ailleurs beaucoup de celle de la cellulose qui, ainsi que nous venons de le dire, forme la trame de l'organisation végétale. La voici, en moyenne, telle qu'elle résulte de nombreuses analyses de bois de la tige de diverses essences :

Carbone	51
Hydrogène	6,20
Oxygène	41,80
Azote	1
Total	100,00

On voit qu'en résumé on peut dire, sans s'écarter beaucoup de la vérité, que le bois est formé, par moitié, de carbone et des éléments de l'eau, plus une petite quantité d'azote.

Maintenant que nous savons quels éléments organiques sont nécessaires à la plante, cherchons où elle les prend et comment elle se les approprie. Nous ferons un travail semblable pour les principes inorganiques, puis, avant de passer à l'étude de la marche de la *séve* ou liquide nourricier, et des milieux dans lesquels s'effectue la végétation, nous parlerons de deux autres fonctions, la *respiration* et la *transpiration* qui, avec la *nutrition*, concourent à la vie du végétal.

Origine du carbone. — Le carbone, de même que toute autre substance, ne peut pénétrer dans la plante, ainsi que nous le verrons plus loin, que sous forme soluble; de la poudre de charbon, aussi impalpable qu'on peut la supposer, ne saurait être absorbée. Or, les formes solubles du carbone que les végétaux rencontrent dans le sol sont : l'acide carbonique et des acides provenant de la décomposition des matières végétales, acides ulmique et humique, des carbonates, des ulmates et des humates. Des calculs fort simples ont prouvé que la quantité de carbone pénétrant de cette façon dans la plante, même en supposant les circonstances les plus favorables, à peu près irréalisables dans la nature, serait très-inférieure à ce qu'elle fixe de ce corps dans ses tissus. Pour les établir, on considère la quantité d'eau tombant annuellement sur le sol, celle d'acides carbonique, humique et ulmique dont elle peut se saturer, enfin, les sels retrouvés dans les cendres et qui seuls auraient pu pénétrer à l'état de carbonates, humates, ulmates.

La culture forestière, d'ailleurs, fournit des preuves nombreuses à l'appui de cette affirmation. On fait tous les jours des reboisements sur des sols siliceux à peu près ou complétement dépourvus de carbone; cependant la forêt se constitue, prospère même si elle y trouve, en quantité suffisante, des composés azotés et des sels minéraux. Supposons qu'elle produise par an et par hectare 4,000 kilogrammes de bois pesé sec, quantité qui peut être dépassée, ce seront 2,000 kilogrammes de carbone fixé. Non-seulement le sol n'a pu les fournir, mais en même temps il s'enrichit en carbone par suite des débris végétaux qui pourrissent à sa surface. Il faut donc chercher ailleurs que dans la terre la source à laquelle les végétaux puisent le carbone qui leur est nécessaire.

Des expériences rigoureuses ont montré qu'ils l'extrayaient de l'acide carbonique contenu dans l'air atmosphérique, dans la proportion de 4 à 6 dix-millièmes. La décomposition se fait sous l'influence de la lumière solaire et au moyen de la matière verte contenue dans les feuilles et, en général, dans tous les organes verts de la plante. Des expériences nombreuses, faites à la fin du siècle dernier sur des rameaux ou des organes isolés placés sous des cloches pleines d'eau, avaient établi que, sous l'influence des rayons solaires, les organes verts des végétaux décomposaient l'acide carbonique; mais, indépendamment de ce qu'elles avaient le tort grave d'être faites sur des végétaux placés dans des conditions anormales, ces expériences n'avaient constaté aucune relation rigoureuse entre la quantité de carbone fixé dans les tissus et celle contenue dans l'acide carbonique absorbé. Dans le siècle actuel, la question a été reprise par de nombreux observateurs, et l'on est arrivé à se placer dans des conditions aussi naturelles que possible. Nous n'avons pas à entrer ici dans le détail de ces travaux : il suffira de citer une des expériences par lesquelles Th. de Saussure démontra que le carbone fixé correspondait rigoureusement à la quantité d'acide carbonique absorbé. Ayant déterminé la composition d'un certain nombre de pieds de pervenche par l'analyse d'un lot exactement semblable des mêmes plantes, il les fit végéter à la lumière solaire dans un sol absolument dépourvu de carbone, sous une cage en verre renfermant de l'air dont la teneur en acide carbonique lui était connue. Au bout de sept jours de végétation, il vit que cet acide carbonique avait disparu, que la quantité d'oxygène avait augmenté et que le carbone de l'acide carbonique disparu se retrouvait dans les plantes, ce qu'il reconnut par l'analyse.

Toutes les expériences faites sur des organes végétaux non colorés en vert, fleurs, fruits, écorces, etc., ont démontré qu'ils ne jouissaient pas de la propriété de décomposer l'acide carbonique. On a obtenu le même résultat négatif toutes les fois qu'on a opéré dans l'obscurité. Quant aux plantes placées à l'ombre en dehors de l'influence directe des rayons solaires, on a généralement admis, pendant longtemps, qu'elles se comportaient comme celles qui se trouvaient dans une obscurité complète. Il est reconnu aujourd'hui que cette manière de voir est erronée, mais que la décomposition de l'acide carbonique est le plus souvent très-ralentie dans ce cas. Il paraît d'ailleurs y avoir de notables différences, sous ce rapport, entre les divers végétaux, les uns s'accommodant mieux que d'autres de l'absence, ou au moins de la diminution de la lumière directe. C'est une des principales raisons de la présence, sous le couvert des forêts, pourvu qu'il ne soit pas trop épais, de plantes herbacées ou ligneuses qu'on ne trouve que là, tandis que d'autres exigent, au contraire, une vive insolation.

Origine de l'hydrogène et de l'oxygène. — Les plantes tirent évidemment la plus grande partie de l'hydrogène et de l'oxygène qui entrent dans leur composition, de l'eau qu'elles absorbent en grande quantité. Mais il paraît probable qu'elles peuvent emprunter de l'oxygène à l'acide carbonique, et de l'hydrogène à l'ammoniaque.

Origine de l'azote. — Les végétaux ne prennent point l'azote directement à l'air comme on pourrait le croire *a priori*. C'est seulement en combinaison que l'azote peut devenir un aliment pour eux. De belles et nombreuses expériences de M. Boussingault ont mis ce fait hors de doute. Il les a faites sur diverses plantes en en semant les graines, de composition connue, dans des sols dépourvus de composés azotés, ou, au contraire, en renfermant une quantité donnée, puis en analysant les plantes en provenant. Il a vu que, dans le premier cas, les plantes végétaient mal, et que la quantité d'azote fournie par elles était toujours égale à celle contenue dans les graines. Mais il est important, pour ces expériences, d'opérer dans des espaces clos, car l'ammoniaque, les acides azoteux et azotique sont susceptibles de se former dans l'atmosphère sous des influences électriques, et viendraient vicier les résultats de l'expérience.

Une conséquence pratique importante se déduit de ce que nous venons de dire : si, dans une culture, la récolte enlève au sol une quantité d'azote telle que cette substance manque en totalité ou en partie à la végétation de l'année suivante, on doit la lui restituer sous forme d'engrais; celui-ci peut d'ailleurs être ou une substance telle que le fumier de ferme qui, en se décomposant, fournit à la plante les composés dont elle pourra extraire l'azote, ce sont : les sels ammoniacaux, les azotites et les azotates; ou bien ces composés eux-mêmes, tels qu'on les obtient par les procédés chimiques. La culture agricole est dans ce cas, et la grande utilité ou même la nécessité des fumures trouve ainsi en grande partie son explication. Dans la culture forestière, au contraire, on peut se dispenser de l'apport d'engrais, parce que, d'une part, la récolte enlève une très-faible quantité d'azote; parce que, de l'autre, les exploitations n'ayant lieu qu'à intervalles assez ou très-éloignés, les composés azotés provenant de l'atmosphère ou résultant des actions chimiques, la nitrification par exemple, dont le sol forestier est le théâtre incessant, compensent et au delà cette faible perte. La quantité d'azote enlevée dans les produits d'une forêt est très-faible relativement à ce que renferment les récoltes agricoles, non-seulement parce que ceux-ci ne consistent que dans une portion du végétal (tiges et rameaux), mais encore parce que l'on a constaté que l'azote est très-inégalement réparti dans la plante, les parties jeunes et surtout celles qui sont destinées à un développement ultérieur (graines) en renfermant beaucoup plus que les autres, notamment que le bois parfait des tiges ligneuses, qui est la région la plus pauvre en cette substance. Il va de soi que, si on enlevait tous les produits quelconques du sol forestier, on se trouverait dans des conditions à peu près identiques à celles de la culture agricole, et c'est une des principales causes du dépérissement des forêts, où règne la désastreuse pratique de l'enlèvement des feuilles mortes.

Principes inorganiques. — Tous les corps simples autres que les quatre désignés comme principes organiques peuvent rentrer dans cette catégorie, en tant qu'on les considère comme les éléments des cendres. Tous en effet peuvent s'y trouver; mais il s'en faut de beaucoup qu'ils aient la même importance au point de vue des fonctions du végétal. La plupart, en effet, ne s'y rencontrent qu'accidentellement et en petite quantité; ils peuvent même lui devenir nuisibles dès que le sol en renferme à l'état soluble une dose quelque peu appréciable, tel est le cuivre. Il en est d'autres, au contraire, dont le rôle est encore fort imparfaitement connu, mais l'utilité et même la nécessité parfaitement constatées : 1° par l'analyse des cendres, où on les retrouve constamment et en proportion notable ; 2° par les expériences, où l'on a vu régulièrement la bonne ou la mauvaise végétation des plantes en relation rigoureuse avec la présence ou l'absence de ces corps dans le sol. Ce sont, pour ne citer que ceux sur lesquels il n'y a plus de doute, le *soufre*, le *phosphore*, la *potasse*, la *chaux*, la *magnésie*, le *fer*, la *soude*, pour certains végétaux, peut-être la *silice*, qu'on trouve en quantité notable et constante chez beaucoup de plantes, mais sur le rôle de laquelle règnent les plus grandes incertitudes. Il est évident que ces corps ou les composés qui les fournissent aux plantes, ne pouvant se former de toutes pièces dans leur organisme et n'existant qu'accidentellement dans l'atmosphère à l'état de poussières provenant du sol, c'est exclusivement dans celui-ci que les plantes les puiseront. La conséquence ici, comme pour l'azote, est que, dans le cas où la récolte des produits végétaux enlève ces principes en trop grande quantité, il est indispensable de les ramener par les engrais. Ceux-ci peuvent être ou des composés préparés par les procédés chimiques, ou des débris de corps organisés dont les cendres renferment les corps simples qu'il s'agit de rendre au sol. C'est encore un rôle fort important joué par les fumures. Il n'est pas nécessaire que les engrais contiennent toutes les substances énumérées plus haut. Il en est qui sont très-abondantes dans presque tous les sols, ou ne sont absorbées qu'en faible quantité par la plante, en sorte que la terre en renferme toujours suffisamment. Le fer, par exemple, indispensable cependant pour la nutrition, se trouve à la fois dans ces deux cas. Il en est d'autres qui sont au contraire à la fois rares dans le sol, et fixées en quantité notable dans les plantes, le phosphore par exemple. Aussi vient-il en première ligne parmi les corps indispensables dans les fumures, puis le soufre, habituellement la potasse, assez souvent la chaux.

Comme l'azote, les principes inorganiques, et notamment les plus précieux, se trouvent surtout dans les parties jeunes et dans les graines. Aussi, tout ce qui a été dit à propos de ce corps sur les cultures agricole et forestière, s'applique-t-il à plus forte raison ici. Par suite des conditions très-favorables à la décomposition des roches sous-jacentes à la terre végétale, où se trouve le sol forestier, non-seulement il ne s'appauvrit pas, mais il s'enrichit constamment, à une condition toutefois, c'est que la forêt soit convenablement traitée, que les massifs, formés d'essences adaptées au sol, soient maintenus bien complets, que, par suite, la fraîcheur du sol soit permanente, le lit de feuilles mortes intact.

Respiration. — On nomme respiration chez les végétaux une fonction par laquelle une portion du carbone qu'ils renferment se combine à l'oxygène de l'air, et s'exhale sous forme d'acide carbonique. Elle est continue et s'exerce par tous les organes du végétal, qu'ils soient verts ou colorés. Masquée pendant le jour chez les organes verts par la décomposition de l'acide carbonique sous l'influence de la lumière solaire, elle se constate toujours facilement chez les organes colorés, les pétales par exemple, même pendant le jour, et chez tous, colorés ou verts, pendant la nuit. Pour les organes verts on a, par des expériences dont le détail ne rentre pas dans les limites de ce manuel, démontré que, même pendant le jour, en même temps que le végétal exhale de l'oxygène résultant de la décomposition de l'acide carbonique, il émet une petite quantité de ce dernier gaz provenant de la fonction de respiration.

Transpiration. — On entend par *transpiration* une exhalation de vapeur d'eau qui se fait à la surface du végétal. Cette fonction est importante en ce qu'elle concourt à l'élaboration de la séve et indirectement à son ascension. Il ne faut pas la confondre avec l'évaporation; celle-ci est un simple phénomène physique dont les lois sont bien connues. Or, l'eau contenue dans l'organisme végétal ne se transforme pas en vapeur rigoureusement, suivant ces lois, comme le ferait le même liquide placé dans un vase à l'air. Une expérience bien simple le prouve, c'est que la quantité d'eau *transpirée* par une plante vivante est toute différente de celle qui est *évaporée* par la même plante lorsqu'on y a détruit la vie, et que, par suite, les liquides contenus dans ses organes élémentaires y sont placés comme dans un vase inerte.

La transpiration peut s'exercer par toute la surface du végétal; mais, en réalité, les organes recouverts par des tissus imperméables de quelque épaisseur, comme les tiges des végétaux ligneux, ne transpirent pas sensiblement; c'est surtout par les feuilles que cette fonction s'exerce.

La transpiration subit des variations nombreuses pour une même plante, et d'un végétal à un autre; la sécheresse de l'air, son agitation, le degré de chaleur, l'augmentent comme cela se produirait pour une simple évaporation. D'autres causes ont une action plus spécialement physiologique : la lumière, en première ligne, favorise cette fonction d'une manière notable; la structure des tissus a évidemment aussi une influence, mais qui a été mal étudiée jusqu'à présent.

Il serait fort intéressant de savoir : 1° quelle est la quantité absolue d'eau transpirée par les plantes; 2° quel est le rapport de cette quantité à celle qui est absorbée. La solution de ces questions présente des difficultés multiples résultant, les unes des nombreuses et considérables variations de cette fonction, les autres des expériences à faire pour y arriver. Aussi sont-elles encore fort loin d'avoir reçu des réponses satisfaisantes; pour la seconde on n'a guère, jusqu'à présent, que des présomptions. Pour la première, on a des renseignements plus précis et qui tendraient à prouver que, dans certaines circonstances, au moins de grande sécheresse, de chaleur élevée, de vive lumière, la quantité d'eau exhalée par le végétal peut être considérable relativement à son poids. Celles de ces expériences qui sont les plus concluantes ont malheureusement été faites sur des végétaux herbacés. Nous ne pouvons donc donner aucun résultat relatif à nos grandes essences forestières. Dans ces dernières annés, plusieurs auteurs, plutôt météorologistes, agronomes ou forestiers que physiologistes, ont été amenés à penser que la transpiration chez ces végétaux, surtout chez les conifères, était très-considérable, plus même que celle des plantes herbacées, notamment des espèces agricoles ou pastorales. Cette opinion, qui n'a pour elle que des expériences incomplètes ou des faits d'observation susceptibles d'une autre interprétation, ne semble pas exacte. A défaut d'expériences rigoureuses et nombreuses qui seules pourraient fournir une réponse satisfaisante à cette importante question, la structure et la consistance des feuilles de presque toutes les essences forestières, la lenteur extrême avec laquelle le feuillage des conifères se dessèche lorsqu'on le détache de l'arbre, ne semblent pas prouver que la transpiration doive être plus active chez ces espèces que chez les végétaux herbacés, dont beaucoup ont des feuilles nombreuses, très-développées, de consistance molle, comme les trèfles, les betteraves, pour citer des espèces agricoles bien connues.

Phases de la végétation et marche de la sève. — Maintenant que nous savons quels sont les corps nécessaires à l'alimentation de la plante, comment elle se les procure, nous allons étudier la marche de la *sève* ou liquide nourricier, les modifications importantes qu'elle subit pendant les diverses phases de la végétation, comment elle concourt à l'accroissement de la plante, à la formation de nouveaux organes, enfin à assurer sa vie d'une façon continue par le dépôt, dans certains de ses organes élémentaires, de matières auxquelles on a donné le nom de *réserve alimentaire.*

La séve est essentiellement composée d'eau tenant en dissolution des substances variées et différentes, comme cela sera expliqué plus loin, suivant les régions du végétal où on l'étudie, suivant aussi l'époque de l'année où l'on est. Cette eau provient du sol; elle pénètre dans la plante tenant en dissolution des composés azotés et des sels minéraux.

L'expérience a démontré de la façon la plus rigoureuse que c'est seulement à l'état de dissolution dans l'eau et jamais sous forme de poudre, même impalpable, que les corps solides peuvent ainsi pénétrer dans la plante, lorsque les racines sont intactes. L'entrée de l'eau chargée de principes solubles dans le végétal est appelée *absorption.* Ce phénomène se produit exclusivement par les racines, et pour celles-ci, seulement par leur extrémité jeune, dans la région qui est complétement dépourvue de toute enveloppe subéreuse.

L'absorption n'a pas lieu pendant l'hiver; dans cette saison, les fonctions vitales sont suspendues, les végétaux contiennent, en des régions déterminées de leurs jeunes tissus, la réserve alimentaire que nous avons signalée déjà; elle est insoluble et généralement sous la forme de *fécule.*

Au printemps, sous l'influence de la chaleur renaissante, cette réserve se transforme et devient soluble. Cela permet à un phénomène physique, la *diffusion*, de se manifester. L'étude complète de la diffusion et de l'action physiologique importante qu'elle exerce, dépasserait les bornes de ce manuel. Qu'il nous suffise de dire que, sous son influence, les racines commencent à absorber et à fournir au végétal une première séve composée, comme cela a déjà été dit, d'eau tenant en dissolution une petite quantité de composés azotés et de sels minéraux. Celle-ci n'a aucune qualité nutritive, c'est la *séve brute*, qui s'élève dans l'arbre en en traversant le corps ligneux, et particulièrement l'aubier, lorsque la différence entre celui-ci et le bois parfait est considérable, comme chez le chêne par exemple. Mais dans cette marche ascendante, la séve brute rencontre la réserve alimentaire, qui est devenue soluble ; elle s'en charge peu à peu, et quand elle est parvenue aux bourgeons encore fermés, elle a acquis des qualités nouvelles, celle d'une *séve nutritive* ou *élaborée*.

Aussitôt les bourgeons se gonflent; leurs écailles s'entrouvrent; les jeunes pousses, les feuilles, les fleurs apparaissent. L'allongement des pousses, le développement des feuilles se continuent tant qu'il reste de la matière nutritive dans le végétal ; en même temps commence l'accroissement en diamètre de la tige et des branches ou rameaux déjà existants. Mais cette réserve finit par s'épuiser, et la séve, que les racines ont continué d'absorber dans la terre, ne trouvant plus rien à dissoudre dans son ascension, arrive brute jusqu'aux feuilles, dans lesquelles elle se dissémine sans en produire de nouvelles.

En ce moment, la foliaison est complète, l'accroissement en hauteur sur le point d'être terminé, l'accroissement en diamètre commencé. Mais les organes foliacés produits ne restent pas inactifs; ils fonctionnent à leur tour et restituent avec usure au végétal ce qu'ils lui ont pris pour se constituer.

En effet, à mesure que ces organes se développent, la transpiration devient fort active ; non-seulement elle a pour objet de déterminer vers eux un appel de séve et de solliciter par une action de proche en proche les racines à absorber, mais elle produit aussi ce résultat de concentrer la séve brute qui leur parvient. En même temps, sous l'influence de la lumière, la séve, dans les organes verts, et tout spécialement dans les feuilles, se charge de composés organiques, par suite du carbone qu'elle absorbe en décomposant l'acide carbonique. Enfin, la fonction de respiration concourt à achever ces modifications du liquide nourricier. De la sorte se trouve constituée une *séve* dite *élaborée*, qui est nutritive.

Celle-ci se dirige vers tous les organes en voie d'accroissement; elle lignifie les jeunes pousses herbacées, nourrit les fruits, enfin redescend surtout, entre l'écorce et le bois, dans le cambium, et, des feuilles, circule jusqu'aux racines extrêmes. Sur son trajet, elle fournit les matériaux nécessaires pour achever la nouvelle couche ligneuse et accroître l'écorce, dépose dans les tissus à ce destinés une provision de nourriture pour la foliaison de l'année suivante, et enfin allonge les racines qui, sans cela, deviendraient bientôt impropres à l'absorption.

En résumé, la séve présente dans sa marche deux courants généraux, l'un ascendant, l'autre descendant; le premier s'effectue par le bois et détermine au printemps la foliaison, l'accroissement en hauteur et le commencement de celui en diamètre; le second, dont le siége est principalement dans le cambium et l'écorce, produit l'achèvement de l'accroissement en diamètre, l'allongement des racines, et renouvelle la réserve alimentaire.

Les *milieux* dans lesquels s'exécutent ces diverses phases de la végétation exercent sur elle une action considérable; il est utile de les examiner successivement. Ces milieux sont : la lumière, la chaleur, l'air, l'eau, le sol.

Influence de la lumière. — La lumière est l'agent indispensable à la production de la matière verte. C'est sous son influence que celle-ci absorbe et décompose l'acide carbonique de l'air, fixe dans la plante une quantité de carbone formant la moitié environ en poids de sa substance. Aussi peut-on poser la règle absolue : sans lumière pas de végétation.

C'est en grande partie par la privation de lumière directe que le couvert des arbres finit, tôt ou tard, par devenir nuisible aux végétaux dominés. C'est aussi par suite de la plus grande quantité de lumière qui leur parvient, et non parce qu'ils ont plus d'air, comme on le dit bien souvent par erreur, que les arbres isolés, pourvu d'ailleurs que toutes les autres conditions de végétation soient favorables, ont une croissance plus rapide que ceux en massif.

C'est aussi sur la nécessité de la lumière pour la végétation qu'est basée, en grande partie, la pratique des éclaircies. On n'a pas pour but dans cette opération de fournir, comme on le dit encore trop souvent, une plus grande quantité d'air aux arbres qui en manqueraient. L'air ne fait pas plus défaut sous les massifs les plus serrés qu'en rase campagne ; mais lorsque les arbres sont trop rapprochés, les parties supérieures seules de leur tige et des rameaux reçoivent de la lumière, seules aussi elles restent vivantes, par suite, l'alimentation en carbone, qui est proportionnelle à la surface foliacée, peut devenir trop faible pour chaque arbre, et l'accroissement en diamètre s'en ressentir d'une facon désavantageuse. On remédie à cet inconvénient par l'éclaircie, en donnant aux cimes l'espace nécessaire pour recevoir plus complétement l'influence de la lumière. Il ne faut pas croire toutefois qu'il y ait toujours avantage, au point de vue de la production, à desserrer fortement un massif. Chaque essence a son tempérament, chaque sol ses exigences, qu'il importe au plus haut point de ne pas méconnaître, et tel état de massif parfaitement convenable pour une forêt de pins sylvestres, serait désastreux dans une sapinière.

Ce que l'on nomme tempérament d'un végétal n'est autre chose que son aptitude à supporter une dose plus ou moins grande de lumière et, il faut bien le dire, de la chaleur qui en est inséparable. On dit que ce tempérament est robuste quand le végétal, exigeant beaucoup de lumière, ne peut supporter le couvert, si ce n'est dans son extrême jeunesse. Le tempérament est réputé délicat quand le végétal, redoutant la lumière vive dans sa jeunesse, a besoin de couvert pendant un certain temps.

La délicatesse de tempérament s'observe chez

les espèces dont les racines restent superficielles et dont les feuilles sont très-exhalantes. Sous l'action du soleil, les racines placées dans la couche du sol qui se dessèche le plus vite, sont dans l'impossibilité de remplacer l'eau perdue par la forte transpiration qui se produit à la surface des feuilles. Avec l'âge, les racines finissent toujours par atteindre une couche de terre assez profonde pour que l'humidité s'y conserve ; à partir de ce moment, l'absorption peut remplacer les pertes dues à l'évaporation ; le couvert devient inutile ; le tempérament s'est fortifié. Les végétaux robustes sont nécessairement ceux dont les feuilles sont peu exhalantes et surtout dont l'enracinement est profond.

La conclusion à tirer de ce qui précède, c'est que l'on peut élever sans couvert des végétaux à tempérament délicat, si l'on a soin de cultiver profondément le sol afin de permettre aux racines de s'enfoncer immédiatement. C'est ainsi, par exemple, que, dans les pépinières, on peut arriver à cultiver dans ces conditions les espèces les plus délicates, telles que le hêtre, le sapin. C'est encore ce qui légitime, dans les repeuplements artificiels, la culture profonde du sol, dont il a déjà été question dans le chapitre consacré aux racines.

Influence de la chaleur. — Sans chaleur, pas de

végétation; elle règle la distribution géographique des espèces végétales en latitude, longitude et altitude, comme nous aurons occasion de le voir plus complétement lorsqu'il sera question de géographie botanique. Mais un simple coup d'œil jeté sur la flore forestière de la France suffit pour le montrer; les chênes à feuilles persistantes, par exemple, l'yeuse, le liége, sont confinés dans le Midi; le sapin, l'épicéa, le mélèze, habitent les montagnes à des altitudes diverses, mais sans jamais descendre dans la plaine. Dans un même pays, la chaleur détermine, suivant la saison, les phases de la végétation; au-dessous d'un certain degré de température, variable suivant les espèces, celle-ci s'arrête complétement.

La chaleur développe et active toutes les fonctions; elle rend les bois plus lourds, meilleurs combustibles. A une condition cependant: c'est qu'elle ne produira pas l'évaporation de l'eau du sol. C'est à raison de la chaleur et aussi de la lumière plus vive du Midi que le bois des essences propres à cette région atteint souvent une densité très-élevée, parfois supérieure à celle de l'eau, les chênes yeuse, liége, l'olivier, par exemple; que celui des essences communes au Nord et au Midi, telles que les chênes rouvre et pédonculé, est presque toujours de densité plus élevée dans cette dernière région.

La chaleur jointe à la lumière, qui en est à peu près inséparable dans la nature, concourt aussi à l'augmentation, dans une proportion notable, de plusieurs produits forestiers autres que le bois, au premier rang desquels on peut placer la térébenthine pour les conifères, le tannin dans les écorces, surtout celles des chênes.

Les températures basses, ou le froid, ont sur la végétation des effets importants. Par la gelée, elles divisent et ameublissent le sol; mais par leur action directe elles peuvent entraîner la mort des végétaux, ou au moins leur causer des dommages considérables. Le degré de froid qui peut être ainsi nuisible est très-variable suivant les végétaux; pour ceux des régions chaudes, il n'est pas même nécessaire que la température s'abaisse au-dessous de zéro. Pour une même espèce, pour le même individu, les effets du froid sont très-différents suivant que les tissus sont plus ou moins consistants, plus ou moins gorgés d'eau, que la végétation est en pleine activité ou ralentie, par suite suivant les saisons. Ainsi, les gelées d'hiver sont rarement nuisibles pour les végétaux indigènes; celles d'automne le sont davantage sans l'être beaucoup, sauf pour les jeunes brins de semis tardifs, les rejets obtenus à une époque trop avancée de la saison d'été, dans les exploitations de taillis soumis à l'écorcement; enfin, les gelées de printemps sont les plus redoutables de toutes. Pour celles-ci même, l'effet est très-variable; par un temps couvert, elles sont moins à redouter; il en est de même lorsque l'air est agité. Aussi, dans ce dernier cas, les endroits abrités, vallons, dépressions quelconques, souffrent-ils beaucoup plus que ceux qui sont balayés par le vent.

L'air se refroidit rarement, au printemps, au-dessus de 1 à 2 mètres à partir du sol, c'est ce qui fait que les jeunes peuplements sont le plus exposés lorsqu'ils sont découverts surtout, car la forêt, par son couvert, exerce un effet de protection remarquable en mettant obstacle au rayonnement. Des observations comparatives et rigoureuses ont montré qu'en toute saison, mais tout spécialement au printemps et à l'automne, le thermomètre descend toujours moins bas sous les massifs qu'en rase campagne, la différence pouvant s'élever à plusieurs degrés.

Les froids subits et rigoureux exercent aussi une action dommageable sur les arbres, en y produisant deux défauts graves, les roulures et les gélivures. Enfin, la gelée est souvent funeste aux jeunes plants, en en produisant le déchaussement.

Influence de l'air. — L'air nourrit directement les

végétaux par l'acide carbonique qu'il contient ; il est indispensable à leur respiration par son oxygène. Néanmoins, dans les forêts, il ne fait jamais défaut. Si on dit en langage forestier que des plants très-serrés ou dominés sont étouffés, on veut exprimer par là qu'ils ne peuvent développer assez de feuilles ou ne reçoivent pas assez de lumière pour extraire de l'acide carbonique de l'air le carbone qui leur est nécessaire.

Une légère agitation de l'air, s'exerçant sur les cimes seulement des arbres, est utile à l'accroissement. Le vent qui pénètre dans les massifs et parcourt la surface du sol, y est au contraire presque toujours nuisible : il disperse les feuilles mortes qui le couvrent et le protégent, il en évapore l'humidité. A cet égard, le traitement en taillis est fort inférieur à celui en futaies. En effet, dans le premier mode, la surface du sol est périodiquement et à intervalles rapprochés complétement découverte et livrée aux fâcheuses influences que nous venons d'énumérer. Dans les futaies bien tenues, au contraire, le sol n'est jamais découvert complétement, à cause de la longueur des révolutions et du soin que l'on a de créer un nouveau peuplement complet avant d'exploiter entièrement le vieux massif.

Influence de l'eau. — L'eau est indispensable à

la vie des plantes, non-seulement parce qu'elle les nourrit, puisqu'elle entre pour moitié environ dans leur poids total, mais aussi et surtout parce qu'elle est le dissolvant de toutes les matières alimentaires qui y circulent. La plus grande partie de l'eau introduite dans le végétal est exhalée par voie de transpiration. Cette quantité est considérable, mais nous avons vu qu'on est loin de l'avoir déterminée exactement.

Les racines seules, par l'extrémité de leur chevelu, ont la mission d'absorber l'eau nécessaire à la végétation. Cependant les tissus jeunes, mis à nu par une section nette, possèdent une certaine puissance d'absorption de l'eau. C'est sur ce fait qu'est basée en partie la pratique de la bouture.

L'eau est contenue en quantités très-diverses dans la terre; lorsque celle-ci tombe au-dessous d'un certain minimum variable suivant les espèces végétales, la plante commence à souffrir et finit par périr assez rapidement. Mais il n'est pas nécessaire que la terre ait l'apparence mouillée pour que les végétaux puissent prospérer : des terres réputées sèches à leur aspect, contiennent encore de l'eau en quantité plus que suffisante pour la végétation.

Les eaux les meilleures pour la végétation sont les eaux de pluie qui, après avoir lavé le feuillage, ramènent au sol beaucoup de matériaux nutritifs, notamment des composés azotés en suspension dans l'air. Elles ont à peu près la température de l'atmosphère voisine du sol, ce qui est important, puisque, de cette façon, les végétaux ne sont point exposés à un refroidissement brusque.

Les pluies d'orage, lorsqu'elles succèdent à des chaleurs prolongées, sont surtout fertilisantes, elles sont plus chargées de matières nutritives. Toutefois, lorsqu'elles deviennent torrentielles, elles sont nuisibles; elles détachent les fleurs, les fruits, parfois les feuilles; ravinent et dénudent le sol; découvrent plus ou moins les graines semées; tassent la terre à la surface et y forment une croûte imperméable qu'il devient nécessaire de briser dans certaines cultures, celle des pépinières par exemple.

La rosée exerce toujours une influence heureuse sur la végétation : elle ralentit la transpiration, et, quand elle est très-abondante, elle peut fournir au sol de l'eau en quantité suffisante pour être utilisée.

L'eau atmosphérique peut aussi être précipitée à l'état de congélation. Sous forme de grêle, elle est toujours nuisible, à cause des graves lésions qu'elle opère sur les végétaux. Sous forme de neige, elle cause quelquefois des dommages aux végétaux ligneux, en provoquant par son poids la rupture des rameaux et de la tige ; mais d'une façon générale, son influence est bonne en ce qu'elle protége les plantes herbacées et les jeunes plants d'espèces ligneuses contre la rigueur du froid ; en ce qu'à sa fonte elle fournit d'une façon très-régulière, lentement, une eau contenant des principes fertilisants.

Les eaux de source, au moment où elles sortent de terre, sont généralement trop froides, trop privées d'air, et souvent plutôt nuisibles qu'utiles. Lorsqu'on veut les employer à l'arrosement, il est bon de les réunir et de les laisser séjourner dans des bassins pendant quelque temps, afin qu'elles contractent la température de l'atmosphère. Au point de vue de la pratique forestière, cette remarque peut trouver son application pour l'arrosement des pépinières.

Influence du sol. — La terre végétale sert de point d'appui et de réservoir de nourriture pour les végétaux. On peut même dire qu'une portion des substances alimentaires qui leur sont nécessaires entre dans sa constitution, comme cela ressort de ce qui a été dit à propos des principes inorganiques.

La terre végétale est un mélange de *terre minérale* et de *terreau*. Nous allons étudier en détail ces deux éléments.

Terre minérale. — La terre minérale provient de la désagrégation et de la décomposition des roches; quelque variées que soient celles-ci, elles ne donnent naissance qu'à trois sortes de terres : *terre siliceuse*, *terre calcaire*, *terre argileuse*, qui peuvent à elles seules composer la terre minérale, mais qui, le plus souvent, se mélangent entre elles en toutes proportions. Chacune de ces terres, considérée isolément, est à peu près improductive, en raison de ses propriétés exagérées; mais celles-ci s'adoucissent ou se neutralisent dans les terres mélangées qui, par cette raison, peuvent atteindre divers degrés de fertilité. En outre, ces différents sols renferment toujours une quantité plus ou moins grande de matières minérales dites *accessoires*, parce qu'elles sont en quantité faible relativement à l'ensemble. Elles n'en ont pas moins une grande importance, parce que c'est à elles que les plantes empruntent la plus grande partie de leurs principes inorganiques : soufre, phosphore, potasse, magnésie, fer, etc.

1° *Terre siliceuse.* — Elle est formée de sable fin ou grossier, d'une grande dureté, qui raie le verre, et qui est inattaquable par les acides même les plus énergiques. Chimiquement, c'est de l'acide silicique.

Elle n'a pas de ténacité, surtout à l'état sec; retient fort peu d'eau, principalement quand elle est à gros grains; laisse filtrer ou évaporer cette eau très-rapidement, et avec elle la substance soluble du terreau (humus); très-perméable à l'air, à la chaleur, elle s'échauffe vite, se refroidit de même. Elle ne concourt en rien à l'alimentation végétale.

De ces propriétés il résulte que les terres siliceuses sont d'une culture très-facile, mais qu'elles n'offrent point une assiette solide aux arbres; qu'elles sont arides pendant les sécheresses; que les engrais s'y détruisent vite; qu'enfin la végétation y est précoce, mais que les gelées printanières y sont à redouter.

La présence des genêts à balais, des airelles, de la bruyère commune, indique la nature siliceuse d'un terrain.

2° *Terre calcaire.* — Cette terre ne raie pas le verre et se dissout avec effervescence dans les acides, l'acide azotique par exemple. Chimiquement, c'est du carbonate de chaux. Elle est presque toujours mélangée de pierrailles et de pierres, et manque de profondeur. La terre calcaire a peu de ténacité; elle absorbe et perd rapidement, par évaporation et surtout infiltration, l'eau qu'elle a reçue; mouillée, elle forme de la boue; desséchée, de la poussière : elle passe brusquement de l'un à l'autre de ces états. Avec une tendance à se dessécher promptement, cette terre s'échauffe vite et fortement à raison des pierrailles qui sont habituellement en mélange avec elle. Les engrais y sont rapidement consommés; le terreau court risque d'y passer à l'état charbonneux. La végétation y est précoce; les gelées printanières y sont à craindre. Les sols de cette nature contribuent directement à la nourriture des végétaux qui, tous, ont besoin de chaux.

Avec ces propriétés, la terre calcaire pure est menacée d'aridité; mais si, par une cause ou par une autre, elle peut conserver de la fraîcheur, elle parvient à un haut degré de fertilité. Un mélange d'argile et de terreau produit ce résultat.

Les fruitiers et les arbrisseaux divers abondent sur les sols calcaires; les trèfles, les luzernes, les sainfoins, le buis, le sorbier domestique, les caractérisent.

3° *Terre argileuse.* — C'est la terre compacte et tenace par excellence. Chimiquement, c'est du silicate d'alumine, mais presque toujours fort impur. Elle retient l'eau avec abondance et avidité, et dès qu'elle en est saturée, elle devient complétement imperméable, forçant l'excédant à séjourner à la surface et à former des marécages. Presque constamment humide, cette terre est froide. Sous l'influence des sécheresses prolongées, elle durcit comme de la pierre et se crevasse largement et profondément. L'avidité des argiles pour l'eau se manifeste aussi pour les matières fertilisantes qu'elles fixent dans le sol, mais qu'elles cèdent lentement aux végétaux.

Il suit de ce qui précède que les argiles pures sont d'une culture très-pénible ; que les racines ont de la difficulté à les pénétrer ; que la végétation, la maturité y sont tardives ; que, desséchées, elles deviennent absolument impropres à la vie végétale ; qu'en conséquence il faut se garder d'y pratiquer des assainissements exagérés. Si sur elles l'action des engrais est lente, elle offre cet avantage d'être prolongée.

Terreau. — On nomme ainsi la terre douce, fine et noire qui provient de la décomposition complète des feuilles mortes et autres détritus végétaux.

Le terreau est d'une moyenne ténacité, a la faculté de retenir une forte proportion d'eau et convient à toutes les terres ; liant et rendant fraîches celles qui sont trop meubles et trop sèches ; divisant celles qui ont trop de compacité. Il nourrit d'ailleurs les végétaux par les nombreuses substances solubles qui s'en dégagent constamment et dont l'ensemble prend le nom d'*humus*.

Le terreau est le seul engrais des forêts, et la conservation en est de la plus haute importance.

Sans lui le sol des forêts ne manquerait pas de s'épuiser, tout comme le ferait un sol agricole sur lequel on récolterait constamment, sans jamais y rien rapporter. C'est ce qui se produit, ainsi que cela a déjà été dit plus haut, dans les forêts soumises à l'extraction des feuilles. Le même résultat fâcheux se manifeste également en partie lorsque le sol forestier est subitement découvert, comme cela a lieu périodiquement dans les taillis ; ou accidentellement dans les futaies, par suite de coupes inconsidérées ou de chutes considérables de chablis. La crainte de semblable accident doit être un motif de plus pour maintenir les massifs bien complets ou pour protéger le sol par un sous-étage, lorsque des raisons graves forcent à éclaircir fortement le massif principal.

Les circonstances au milieu desquelles se forment les terreaux influent beaucoup sur leur qualité; une juste répartition de l'air, de l'humidité et de la chaleur, produit le terreau doux, le seul utile ; trop de chaleur et le manque d'humidité, donnent naissance à un terreau charbonneux qui exagère encore l'aridité du sol ; trop d'eau et peu de chaleur provoquent la formation du terreau tourbeux ou même de tourbe contraire à la plupart des végétaux forestiers. Enfin, sur les sols siliceux, certains végétaux, les bruyères, les airelles, notamment, donnent, par leur décomposition, un terreau acide connu sous le nom de terre de bruyère, recherché en horticulture pour élever des plantes similaires ou placées au moins dans des conditions toutes spéciales, mais qui est nuisible à la plupart des végétaux, notamment aux jeunes plants des essences forestières. Il importe donc d'en prévenir la formation, autant que possible, par le maintien du couvert, les végétaux qui concourent en grand à sa production recherchant une lumière abondante. C'est aussi le moyen d'obtenir sur tous les sols la plus grande quantité de terreau doux qu'ils comportent. Quant à la tourbe, c'est seulement dans certains cas, presque exceptionnels, qu'on pourra en empêcher la production par des assainissements. En général, les forestiers sont impuissants contre les causes qui la produisent, si dommageable soit-elle.

On dit d'une terre qui renferme une notable quantité de terreau doux qu'elle est substantielle; elle est maigre dans le cas contraire

Terres naturelles. — Il est bien rare que les éléments constitutifs de la terre végétale se rencontrent complétement purs dans la nature; ils sont plus ou moins mélangés entre eux, et de la proportion du mélange résultent les propriétés les plus diverses. Ces terres naturelles se répartissent en trois types : les terres siliceuses, les terres argileuses, les terres calcaires.

Terres siliceuses. — Pour être qualifiée telle, une terre doit au moins renfermer 50 % de sable siliceux. On y distingue comme types principaux : les sables purs, les sables gras légèrement mélangés d'argile et de terreau, les sables argileux. Avec la quantité d'argile augmente la fertilité de ces sols, et, par suite, la possibilité de les employer pour l'agriculture. Néanmoins, dans leur ensemble, ils conviennent mieux à la culture forestière, et l'on voit des forêts fournir des produits importants sur des sables qui seraient à peu près stériles. En général, afin de conserver la plus grande fraîcheur possible, il convient de cultiver sur ces sols, au moins en sous-étage, des essences à couvert épais, et de les soumettre au régime de la futaie.

Terres argileuses. — Elles doivent contenir au moins 50 % d'argile. On y distingue aussi plusieurs types : l'argile pure, l'argile sableuse, qui se lie au sable argileux, l'argile graveleuse, ou renfermant du gravier; elle provient de la destruction des granits. Les terres argileuses sont ordinairement fertiles, et l'agriculture les dispute aux forêts. Celles qui y ont persisté sont très-précieuses, car lorsque l'eau n'y fait d'ailleurs pas défaut, c'est là qu'on rencontre les chênes pédonculés de fortes dimensions. A raison de la facilité avec laquelle les sols argileux retiennent l'humidité, c'est sur eux qu'on a le plus de latitude dans le choix du régime et des essences au point de vue du couvert.

Terres calcaires. — L'action du calcaire sur la végétation est tellement importante qu'il suffit de 10 % de cette substance pour qu'une terre soit rangée dans ce type. On y distingue les calcaires purs, les calcaires avec mélange d'argile, les marnes ; ces dernières résultent d'un mélange intime d'argile avec 10 à 30 % de calcaire. Elles constituent l'une des terres les plus fertiles ; aussi l'agriculture les a-t-elle presque complétement envahies, et la part laissée aux forêts est des plus restreintes. Il n'en est pas de même des calcaires purs ou à peu près tels. Une bonne culture forestière, en maintenant les massifs serrés, les composant d'essences à couvert épais, conservant avec soin les feuilles mortes et le terreau qu'elles produisent, corrige ce que les propriétés de ces sols ont d'excessif, et surtout leur tendance à l'aridité. Aussi la part laissée à leur surface aux forêts est-elle souvent considérable.

Propriétés physiques des terres. — Nous venons de

voir comment la terre végétale est constituée ; quels en sont les principaux types ; comment elle agit sur les végétaux, soit en leur fournissant directement la nourriture, soit en leur permettant de profiter plus ou moins bien de celle qui est contenue dans les engrais. Mais, indépendamment de cette action nutritive, les terres agissent sur la végétation par une foule de propriétés diverses, dites propriétés physiques, que nous allons étudier. Elles peuvent être rangées sous cinq chefs principaux : profondeur, aptitude à retenir l'eau, aptitude à s'échauffer, ténacité, inclinaison. Celle-ci n'est pas, à vrai dire, une propriété du sol, mais elle modifie fréquemment les autres.

Profondeur. — Sur les sols profonds, l'enracinement des arbres s'enfonce davantage et s'étale moins ; les variations de température sont peu sensibles, l'humidité est plus constante, la nourriture plus abondante. Par ces motifs, la végétation est plus vigoureuse, les arbres sont plus élancés, les massifs plus serrés, le tempérament est fortifié.

Un sol végétal qui ne dépasse pas 0m,15 d'épaisseur est dit superficiel.

Un sol végétal qui varie de 0m,15 à 0m,30 d'épaisseur est dit peu profond.

Un sol végétal qui varie de 0m,30 à 0m,60 d'épaisseur est dit assez profond.

Un sol végétal qui varie de 0m,60 à 1m,30 d'épaisseur est dit profond.

Au delà de 1m,30, on le qualifie de très-profond.

Aptitude à absorber et à retenir l'humidité. — Cette propriété s'appelle *hygroscopicité* : c'est l'une des plus importantes pour un sol forestier. Elle dépend de circonstances diverses : 1° de la composition de la terre, suivant qu'elle est siliceuse, calcaire ou argileuse, qu'elle renferme plus ou moins de terreau ; l'argile étant l'élément hygroscopique par excellence de la terre minérale, le sable siliceux celui qui retient le moins l'eau, mais le terreau bien plus hygroscopique que l'argile ; 2° de la ténuité des parties constituantes de la terre, les sols à particules les plus ténues, à égalité de composition, étant les plus hygroscopiques ; 3° de sa profondeur, les sols les plus profonds étant en général les plus hygroscopiques, toutes circonstances égales d'ailleurs ; 4° du sous-sol filtrant ou imperméable ; 5° de la situation en plaine, en montagne, et, par suite, de l'exposition ; 6° du mode de culture. A ce dernier point de vue, la forêt maintient mieux que tout autre l'hygroscopicité ; mais, même dans ce cas, il peut y avoir, suivant la manière dont elle est traitée, des variations considérables, et ce doit être une préoccupation constante du forestier d'assurer au sol l'humidité nécessaire par un couvert suffisant.

On explique les divers degrés d'hygroscopicité comme il suit :

Sol mouilleux : l'eau séjourne à la surface au printemps et en toutes saisons ; s'écoule péniblement dans les fossés d'assainissement.

Sol humide : l'eau séjourne à peine à la surface pendant les pluies ; les fossés d'assainissement en permettent un écoulement facile.

Sol frais : pas d'excès d'humidité ; inutilité des fossés dans lesquels l'eau ne s'égoutterait pas.

Sol sec : l'humidité coïncide avec les pluies, mais disparaît après peu de jours.

Sol aride : l'humidité disparaît très-rapidement.

Aptitude à s'échauffer. — Cette propriété règle la précocité de la végétation printanière et de la maturité complète des fruits. Elle offre moins d'intérêt en sylviculture qu'en agriculture, parce que, d'une part, on ne cherche pas à y récolter des fruits ; parce que, de l'autre, on n'y cultive que des essences complétement indigènes, parfaitement adaptées au climat. L'aptitude du sol à s'échauffer est proportionnelle à sa pesanteur, à sa coloration ; elle est en raison inverse de l'hygroscopicité ; elle est subordonnée à l'inclinaison et à l'exposition. C'est pourquoi les sols pierreux, ferrugineux, sont plus chauds que les autres ;

pourquoi les expressions de sol sec ou chaud, de sol argileux, humide ou froid, sont synonymes.

Ténacité. — Cette propriété concerne l'aptitude des terres à se laisser cultiver, pénétrer par les racines, par l'air, par l'eau. Elle dépend presque entièrement de la composition.

L'argile est l'élément de la ténacité du sol; le sable siliceux, celui de sa mobilité; le calcaire est d'une ténacité faible; le terreau, d'une ténacité moyenne.

La ténacité peut être modifiée par le degré d'humidité : diminuée si celui-ci est très-grand, accrue s'il est très-faible. Ainsi, l'argile la plus compacte et dure comme la pierre acquiert de la plasticité par l'humidité; sous la même influence, le sable le plus meuble devient un peu liant. Le forestier, qui est le maître de régler convenablement l'hygroscopicité par la constitution du couvert, peut aussi, du même coup, modifier utilement la ténacité.

Les divers degrés de ténacité s'expriment de la manière suivante :

1° Terre compacte ou forte; essentiellement argileuse, cette terre se crevasse largement et profondément sous l'influence des sécheresses; les fragments desséchés ne se laissent pas écraser entre les doigts;

2° Terre liante; formée d'argile mêlée de sable, de gravier, de calcaire, cette terre, sous l'action des sécheresses, se gercera encore, mais plus finement; ses fragments s'écrasent alors entre les doigts, quoique avec peine;

3° Terre douce; desséchée, elle ne se gerce que finement et superficiellement; s'émiette aisément dans la main;

4° Terre légère; terre siliceuse ou calcaire, mêlée d'un peu d'argile, elle n'a de consistance qu'à la faveur de l'humidité ;

5° Terre meuble; ce sont les sables et graviers sans aucune consistance.

Inclinaison. — Cette propriété du sol a parfois une influence prépondérante en culture forestière comme en plusieurs autres. Elle règle en effet, d'une façon absolue, l'exposition; elle modifie la profondeur, la ténacité, l'aptitude à retenir l'eau, à s'échauffer.

Une inclinaison modérée est favorable à la croissance des bois; en effet, les tiges étant perpendiculaires, non à la surface inclinée, mais à sa projection, les racines auront plus de place, et surtout les cimes, étagées, ne se gênant pas, auront un plus grand nombre de feuilles, mieux exposées à l'influence de la lumière. Une pente très-forte devient nuisible en entraînant la dégradation du sol.

On désigne ainsi qu'il suit les divers degrés d'inclinaison :

Pente douce, 5 à 10 degrés. La culture agricole est aussi facile que la culture forestière.

Pente moyenne, 10 à 20 degrés. La culture est presque exclusivement forestière.

Pente forte, 20 à 30 degrés. La culture forestière ou pastorale est seule possible ; les conditions sont déjà fâcheuses, surtout pour la première.

Pente raide, de 30 à 45 degrés. Culture pastorale ; la culture forestière est le plus souvent difficile, d'autant plus que, dans ce cas, l'altitude est plus fréquemment grande.

Pente escarpée et escarpements au delà de 45 degrés. Toute culture devient impossible ou à peu près.

Élément pierreux du sol. — En étudiant les différents sols, leurs propriétés chimiques et physiques, nous les avons toujours supposés constitués exclusivement de particules terreuses, reposant sur un sous-sol qui, par sa destruction, en fournissait la partie minérale. Mais il s'en faut qu'il en soit toujours ainsi, le plus souvent on trouve mélangés avec la terre proprement dite des débris plus volumineux qui forment l'*élément pierreux* du sol, et qui en modifient d'une manière notable les propriétés physiques. A ce titre, son étude mérite attention. Les pierres proviennent habituellement du sous-sol, lorsque celui-ci est rocheux; quelquefois d'éboulements arrivant des régions supérieures d'un versant. On peut étudier dans l'élément pierreux : 1° la grosseur et la forme de ses fragments; 2° leur quantité. Sous le premier rapport, lorsque les éléments atteignent 0m 30 de diamètre, on les appelle des blocs; le sol est dit rocheux. Au-dessous, jusqu'à 10 centimètres de diamètre, ils prennent le nom de pierres; le sol est pierreux.

Au-dessous de 10 centimètres, ce sont des pierrailles ; il est rocailleux.

Il peut se faire que les fragments soient petits et arrondis, on leur donne le nom de cailloux ; le sol est caillouteux.

On désigne par gravier des fragments très-petits, anguleux, passant par transition insensible au sable ; lorsqu'il abonde dans un sol, celui-ci est dit graveleux.

Au point de vue de la quantité des fragments pierreux, on reconnaît quatre types :

Sol très-pierreux, 4/5 de pierres ;

Sol pierreux, 3/5 de pierres ;

Sol moyennement pierreux, 2/5 de pierres ;

Sol peu pierreux, 1/5 de pierres.

Les mêmes types conviendraient pour les fragments autres que les pierres proprement dites, pierrailles, cailloux, etc.

Voyons maintenant quelle est l'influence des pierres. Plus lourdes que la terre, elles en augmentent la densité et le pouvoir d'échauffement; elles tendent à diviser le sol : elles sont donc utiles dans les terres froides et argileuses, nuisibles dans les terres chaudes et calcaires. Cependant, il n'en faudra jamais une trop grande abondance; elles sont généralement nuisibles quand elles dépassent la moitié. Quand les terrains meubles ont de la tendance à se soulever, les pierres peuvent jouer un rôle utile. Ce qui vient d'être dit de l'influence échauffante de l'élément pierreux sur le sol, s'applique seulement à ce qui est de peu de grosseur. Les grosses pierres et les blocs agissent tout différemment : ils s'échauffent seulement à la surface et maintiennent la fraîcheur sous eux. De là résulte que les blocs sont bien moins nuisibles qu'on ne le croirait en culture forestière, où la fraîcheur du sol est une condition de première nécessité; de là aussi l'utilité des grosses pierres au pied des plants dans les repeuplements artificiels; un amas de pierrailles ou de cailloux, formant le même volume, produirait un effet inverse de celui que l'on recherche. Dans les plaines et sur les pentes douces, les blocs contribuent au tassement du sol; sur les pentes raides, au contraire, ils augmentent les dangers d'éboulement, et par suite exercent une influence défavorable.

CHAPITRE VIII.

Germination.

Définition. — La *germination* d'une graine n'est autre chose que le développement de son embryon en un jeune plant pourvu de racines et de feuilles et en état de se nourrir lui-même dans le sol et dans l'air. Pour qu'une graine germe, il faut que la nourriture qu'elle renferme devienne soluble ; ce qui exige l'influence de l'*air*, de l'*humidité* et de la *chaleur*.

Influence de l'air. — L'*air* agit par son oxygène qui est indispensable pour les réactions chimiques. Celles-ci sont au nombre des phénomènes les plus importants de la germination; le détail en est encore imparfaitement connu, mais on sait qu'elles ont pour résultat le passage à l'état soluble des matières alimentaires contenues sous forme insoluble dans la graine, surtout dans les cotylédons ou l'albumen. Cette transformation est accompagnée d'un dégagement d'acide carbonique.

Influence de la chaleur. — La *chaleur* joue également un rôle important dans ces réactions; elle est indispensable, mais à un degré fort différent suivant les espèces. Ainsi, il en est quelques-unes, la moutarde blanche par exemple, qui peuvent germer à 0 degré, tandis que d'autres exigent des températures de plus en plus élevées, comme le maïs, 9 degrés; le melon, 17 degrés, etc., ces températures sont des minimum; en soumettant les graines à une chaleur plus forte, on peut en hâter la germination; toutefois il arrive rapidement une limite où cet agent, loin d'être utile, devient dangereux pour la vitalité des graines et finalement les détruit. Le nombre de degrés nécessaires pour tuer une graine varie avec l'espèce de celle-ci, avec les conditions d'humidité, de froid, de dessication, etc.; toutefois, on peut indiquer 75 degrés comme la limite extrême dans les conditions ordinaires. Dans le cas où l'on serait obligé de soumettre les graines, comme cela se fait dans les sécheries, à l'action de la chaleur, ce serait même une grande imprudence d'approcher de ce terme.

Influence de l'humidité. — L'*humidité* est également indispensable à la germination; elle joue un rôle multiple. En gonflant l'amande et ramollissant l'épisperme, elle amène la rupture de celui-ci, et par suite la sortie de la jeune plante devient possible. En outre, elle aide aux réactions chimiques signalées, elle dissout les principes devenus solubles, les fournit ainsi au végétal, lui sert elle-même d'aliment. Néanmoins, une quantité d'eau trop considérable devient un obstacle pour la germination, soit en empêchant l'accès de l'air, soit en entraînant, au lieu de les laisser à la disposition de la jeune plante, les matières qui doivent servir à son alimentation.

Influence du sol. — Le *sol* est utile dans l'acte de la germination, parce que la graine y rencontre ce triple concours, mais il n'est point indispensable ; son vrai rôle nutritif ne commence qu'avec la végétation. Lors donc que des graines, tombant en abondance sur le parterre d'une coupe d'ensemencement, n'y germent pas, il ne saurait être question d'un sol épuisé, comme on le prétend parfois, mais bien d'un sol dont la surface s'est durcie, couverte d'un gazon serré, est devenue par suite impropre à fournir les conditions physiques nécessaires à la germination, et cela, en général, par suite d'une manière d'opérer défectueuse.

Mode de développement de la plante. — En germant, l'embryon développe d'abord la racine, qui toujours s'enfonce dans la terre, quelle que soit la position de la graine. C'est seulement ensuite que la jeune tige et les feuilles apparaissent : tantôt la jeune tige entraîne avec elle hors de terre les cotylédons qui se développent en expansions foliacées, plus ou moins larges, vertes, comme chez les érables, les frênes, les hêtres, les sapins, épicéas, pins ; tantôt, au contraire, ces organes restent au-dessous du sol et y pourrissent, comme chez les chênes, les châtaigniers. Le développement des cotylédons en expansions foliacées peut avoir son importance au point de vue du tempérament du jeune plant ; c'est ainsi que la surface de transpiration très-large, formée par ceux du hêtre au moment où le jeune plant puise encore peu d'eau dans le sol, est pour quelque chose dans la délicatesse de tempérament de l'espèce à cette époque de sa vie.

Durée de la germination. — Elle est variable avec les espèces et selon les circonstances qui y président. Ainsi le frêne, le charme, par exemple, ne germent normalement que deux ans après leur mise en terre, tandis que, en général, la levée a lieu immédiatement après le semis, à un intervalle plus ou moins long, de quelques jours à un mois et plus, suivant l'espèce et aussi suivant que la saison est sèche ou humide, que la graine est peu ou profondément enfoncée. Dans le cas de conditions très-défavorables, la germination peut même être reportée à l'année suivante, comme pour les espèces que nous avons citées plus haut. C'est ce qui arrive assez fréquemment pour les pins, par exemple.

Les graines fraîchement récoltées germent plus vite que celles qui sont conservées depuis longtemps; elles donnent aussi des plants plus robustes.

Il est évident qu'il y a tout intérêt à obtenir une germination aussi rapide que possible. En effet, la graine dans le sol court des dangers de toute nature : dessiccation ou entraînement par les pluies violentes si elle est peu enterrée, pourriture si elle l'est plus profondément, destruction par les animaux. La première règle à suivre pour réaliser cette rapidité de germination, est de n'effectuer le semis qu'au moment où, étant données l'espèce et les conditions extérieures de température, on peut espérer que les actes de la germination commenceront immédiatement. C'est ce qui fait, en général, préférer le semis de printemps à celui d'automne, malgré les difficultés de conservation des graines, dont il sera question plus loin; c'est pour cela encore qu'on stratifie en terre les graines, telles que celles du charme et du frêne, pendant l'année où leur germination ne se ferait pas, afin de les préparer et de ne les semer qu'au second printemps après leur maturation. Mais, même en semant au printemps, si l'année est sèche et qu'il s'agisse de graines peu enterrées, la germination peut se faire attendre, faute d'une humidité suffisante. On ne peut guère recourir aux arrosements artificiels qui, indépendamment de ce qu'ils sont fort coûteux, offriraient de sérieux inconvénients; mais on peut faire subir aux graines une préparation dont l'expérience a démontré les excellents résultats. Elle consiste à les laisser plongées dans l'eau pendant un temps variable suivant les espèces: vingt-quatre heures suffisent pour la plupart; mais il en est qui exigent un temps plus long, celles du mélèze, qui demandent l'immersion la plus prolongée, doivent rester dans l'eau quinze jours. La graine, ainsi fortement imbibée d'eau, se trouve dans d'excellentes conditions pour germer rapidement.

Temps pendant lequel les graines conservent leur vitalité. — Ce temps est très-variable. Certaines graines de très-petit volume, celles des saules, des peupliers par exemple, la perdent en quelques jours; d'autres, grosses, charnues, comme celles des chênes, remplies d'essence de térébenthine, comme celles du sapin, la gardent plus longtemps, mais la perdent encore assez vite : le plus souvent on ne peut les garder que jusqu'au printemps qui suit leur maturation; d'autres enfin, celles de l'épicéa, des pins, par exemple, la conservent plusieurs années; mais il faut bien se rappeler que, chez ces dernières, la vitalité va sans cesse en s'affaiblissant avec le temps, et plus elles sont semées vieilles, moins les plants qui en naîtront seront vigoureux.

La durée de vitalité des graines est tout autre quand elles sont conservées dans la terre. C'est ainsi qu'on peut expliquer l'apparition soudaine de certains végétaux sur des terres profondément remuées, sur le parterre des coupes récemment exploitées dans les forêts.

Conservation des graines. — Il est évident que pour conserver des graines ou, pour mieux dire, pour les empêcher de germer, il suffit de les soustraire à l'action de l'un des trois agents : chaleur, air, humidité, reconnus indispensables pour la germination. C'est sur ce principe que sont basés tous les procédés de conservation : silos, couches minces et fréquemment remuées sur le plancher du grenier, etc., dont la description ne rentre point dans l'objet de ce Manuel. Mais s'il est facile d'empêcher les graines de germer, il l'est beaucoup moins de leur conserver leurs propriétés vitales complétement intactes. Certaines graines très-petites, celles des saules, des peupliers, des bouleaux, par exemple, à enveloppes minces, se dessèchent si vite que le semis doit en suivre immédiatement la récolte. D'autres, très-charnues mais recouvertes par des enveloppes minces épisperme et péricarpe dans certains cas, sont également exposées à se dessécher si on les conserve complétement au sec, à s'échauffer et même à pourrir si on les maintient dans un milieu humide, mais un peu trop chaud. C'est le cas des glands de chênes, des faînes. D'autres enfin, comme celles du sapin, contiennent une essence volatile, et leur faculté de germer se perd avec la disparition de celle-ci. La conclusion à tirer de tous ces faits, c'est que le semis doit suivre d'aussi près que possible la récolte des fruits ou graines, et que si dans la plupart des cas, pour échapper aux dangers que courent les graines dans le sol pendant l'hiver, il est prudent de remettre au printemps suivant, on ne devra pas dépasser cette limite; et que le refus des graines conservées plus longtemps devra être absolu.

CHAPITRE IX.

Reproduction sexuelle des végétaux.

Les végétaux peuvent se reproduire par drageons et, quand l'homme intervient, par rejets de souches, par boutures et par marcottes. Néanmoins la reproduction sexuelle par les fleurs produisant des fruits est le mode normal.

On a déjà vu dans le chapitre consacré à la description de la fleur que les organes sexuels sont essentiellement : l'étamine, organe mâle, et le pistil, organe femelle. La connaissance positive du rôle de ces deux organes n'est pas très-ancienne : elle remonte seulement aux dernières années du dix-septième siècle, bien que des pratiques, peu nombreuses il est vrai, d'agriculture, basées sur elle, remontent à la plus haute antiquité. Mais, depuis cette époque, des expériences nombreuses ont démontré la nécessité absolue de la fécondation du pistil par le pollen, produit de l'étamine, pour la formation des fruits. On a renfermé des pieds femelles d'espèces dioïques, pour les soustraire au pollen des pieds mâles de la même espèce, et toujours on les a vus rester stériles; les fleurs tombaient sans produire de fruits. Il en a été de même pour des pieds d'espèces monoïques dont on avait enlevé les fleurs mâles, pour des pieds d'espèces hermaphrodites dans les fleurs desquels on avait enlevé les étamines avant l'ouverture de l'anthère.

Voyons maintenant comment s'exécute cette fonction importante. En général, au moment où les fleurs s'épanouissent, les anthères s'entrouvrent et laissent échapper le pollen qu'elles contiennent. Dans le cas d'une fleur hermaphrodite, celui-ci peut tomber directement sur le stigmate; mais le plus souvent, même pour les fleurs de ce type et toujours pour les fleurs unisexuées, il flotte dans l'air, est transporté par les vents, par les insectes, pour se fixer en définitive sur le stigmate, comme dans le premier cas. Cet organe est constamment humide, le grain de pollen s'y trouve dans les meilleures conditions pour développer le boyau pollinique dont il a été question précédemment. Celui-ci pénètre entre les cellules du stigmate, suit l'intérieur du style et se trouve finalement en contact avec les ovules auxquels il transmet la matière fécondante contenue dans le grain de pollen.

Ceux-ci sont dès lors fécondés ; ils deviennent le siége de phénomènes dont la description sortirait des bornes de ce Manuel, et passent finalement à l'état de graines.

Les froids subits, les sécheresses prolongées, de grandes pluies permanentes, sont des obstacles à la fécondation. Les pluies particulièrement, en lavant constamment les fleurs, s'opposent à la transmission du pollen par l'air et à sa fixation sur les organes femelles. La fécondation, dans ce cas, devient impossible, et l'on dit que les fleurs ont coulé. On ne voit point les ovaires se nouer, c'est-à-dire qu'ils ne grossissent pas et ne se transforment pas en fruits.

II

GÉOGRAPHIE BOTANIQUE

Définitions. — La *géographie botanique* a été définie dans l'introduction. C'est une branche considérable de l'étude des végétaux, dont l'intérêt, au point de vue purement scientifique, est très-grand. Dans le domaine de l'application, il importe de tenir grand compte des lois qu'elle pose. Cette nécessité existe pour l'agriculteur, qui peut cependant, dans une certaine mesure, modifier les milieux dans lesquels végètent les plantes qu'il cultive ; elle s'impose, à bien plus forte raison, au forestier, dont les soins portent exclusivement sur des végétaux spontanés qui restent entièrement soumis aux conditions de sol et de climat de la localité où ils croissent.

On nomme *aire* la surface occupée sur le globe par une espèce ou un groupe d'ordre plus élevé en classification, genre ou famille.

Dans son aire, une espèce habite seulement certains points : forêts, prairies, marais, etc., où se trouvent réunies toutes les conditions nécessaires à son développement; c'est sa *station.*

Une *flore* est un ensemble d'espèces qui recouvrent une surface donnée. Ainsi on donne le nom de flore de France à l'ensemble des végétaux qui occupent le sol de notre patrie.

La géographie botanique s'occupe des aires de famille, de genre, d'espèce et de leurs causes, des flores et des causes qui les ont produites. Nous laisserons de côté tout ce qui concerne les flores, les aires de familles et de genres, pour ne nous occuper que des aires d'espèces, qui seules offrent un très-grand intérêt pratique.

Aires d'espèces. — L'aire d'une espèce ne s'étend jamais à la surface entière du globe; 18 seulement, d'après les recherches les plus récentes et les plus complètes, en occuperaient la moitié, et 117 autres le tiers. Deux faits remarquables se dégagent de l'étude de ces 135 espèces : c'est qu'elles renferment proportionnellement un nombre de végétaux d'organisation inférieure plus grand que l'ensemble des espèces pourvues d'organes floraux et de graines, et que, en outre, on ne rencontre *pas une seule espèce ligneuse* parmi elles.

La ligne qui limite l'aire d'une espèce présente de nombreuses sinuosités; mais, dans son ensemble, cette surface offre la forme d'une ellipse dont les rapports des axes peuvent être très-variés pour les différentes espèces. En Europe, le plus grand diamètre est généralement dans la direction de l'est à l'ouest. Cette forme est due à ce qu'une espèce ne rencontre que sur une surface limitée les conditions assez étroites de climat qui lui permettent non-seulement de se développer, mais de se reproduire spontanément et indéfiniment.

En étudiant les causes qui limitent les espèces dans leur aire, il importe de distinguer entre les plantes des plaines et celles des montagnes. Pour les premières, nous aurons à examiner leurs limites en latitude et longitude ; pour les secondes, l'influence de l'altitude sera prépondérante. Cette distinction n'est pas toujours absolue pour une espèce. Il en est qui habitant les régions montagneuses élevées, dans les pays chauds ou tempérés, descendent à des niveaux de plus en plus bas et finissent par atteindre la plaine lorsqu'elles se rapprochent des régions polaires.

Limites en latitude et longitude. — Elles sont dues essentiellement à des modifications climatériques, au premier rang desquelles il faut placer la chaleur et l'humidité contenues dans l'atmosphère. Ce seront les seules que nous examinerons. La lumière a évidemment aussi une influence considérable ; mais elle est presque toujours, pour les plaines, en raison directe de la chaleur, et la mesure de son action laisse encore trop à désirer pour qu'on puisse la faire intervenir utilement dans les discussions de géographie botanique. La température est la cause prépondérante de la distribution des végétaux à la surface de la terre ; chaque espèce a une limite polaire et une limite équatoriale qui sont dues presque uniquement au décroissement de la chaleur de l'équateur au pôle. Chaque espèce exige, pour développer sa tige et ses feuilles, une certaine quantité de chaleur ; pour fleurir et mûrir ses fruits, il lui en faut une autre généralement plus élevée. Cette quantité est extrêmement variable d'une espèce à une autre. Ainsi, parmi les céréales, nous voyons le blé donner encore de magnifiques moissons là où le maïs ne peut plus mûrir ses fruits. Telle température utile pour une espèce peut être fatale pour une autre ; au printemps, le défaut d'abri pour les plantes tropicales élevées dans nos serres en entraînerait infailliblement la mort, tandis que nos plantes indigènes feuillent et fleurissent.

La mesure de ces températures utiles pour les végétaux serait fort importante au point de vue théorique ou pratique. Elle a été tentée par divers physiologistes et botanistes géographes, sans que la question ait, jusqu'à présent, reçu une solution complétement satisfaisante, bien que l'on soit arrivé à des résultats de grande valeur. Nous ne saurions entrer ici dans l'étude de ces travaux et des difficultés multiples qu'ils présentent. Qu'il nous suffise d'en signaler une, à cause de sa grande importance pratique. Elle consiste dans les exigences très-variables des espèces, quant à la répartition de la chaleur annuelle. Il en est, la vigne par exemple, qui redoutent peu des froids déjà très-rudes en hiver, mais qui exigent une chaleur élevée pendant l'été pour leur complet développement, et notamment pour amener leurs fruits à maturité; d'autres, au contraire, peuvent se contenter, pour toutes leurs phases de végétation, d'une température peu élevée, mais redoutent les abaissements tant soit peu notables du thermomètre au-dessous de zéro : le figuier commun est dans ce cas; c'est ce qui explique comment on le voit réussir en pleine terre, ainsi que plusieurs autres espèces délicates, en Bretagne et en Normandie, là où le raisin mûrit très-difficilement et très-imparfaitement, et qu'inversement celui-ci mûrit parfaitement en Lorraine, tandis qu'on est obligé d'y fournir, pendant l'hiver, un abri à ces autres végétaux.

L'humidité a également une grande influence sur la répartition des espèces. C'est la cause principale qui fait différer considérablement la flore de la région littorale occidentale de la France de celle de sa partie orientale, ce qui se manifeste même pour les végétaux forestiers : les chênes tauzin et occidental, par exemple, se rencontrent exclusivement dans la région qui avoisine les côtes de l'Ouest.

Les limites polaires et équatoriales sont dues principalement à l'action de la température; celles en longitude sont également influencées d'une façon sérieuse par cette cause; la chaleur moyenne subissant, comme cela a été démontré par les météorologistes, des variations notables pour des localités situées sur le même parallèle, et surtout la répartition des températures pendant l'année y étant fort différente. Mais l'humidité habituellement joue aussi un rôle considérable pour la fixation de celles-ci.

Limites en altitude. — Lorsqu'on s'élève sur les montagnes, la température diminue graduellement, et si elles sont fort élevées, comme les massifs centraux des Alpes, on arrive à une région où elle est assez basse pour que la neige n'y fonde jamais. Il est évident que la végétation doit être affectée par cette diminution progressive de chaleur, et c'est en effet ce que constate l'observation. A chaque degré d'altitude on voit disparaître des espèces, en même temps que de nouvelles se montrent. La végétation forestière n'atteint pas le sommet des montagnes très-élevées; elles sont surmontées par une région pastorale où l'on trouve seulement des végétaux herbacés ou de très-petits arbrisseaux. Dans les montagnes plus basses, il arrive fréquemment que sur les sommets la végétation forestière fait également défaut; mais cela tient uniquement à l'action du vent, lorsque de plus grandes hauteurs ne peuvent pas servir d'abri. La région des chaumes, dans les hautes Vosges, fournit un excellent exemple de ce fait.

Tous les phénomènes qui viennent d'être indiqués ressemblent à ceux que l'on observe lorsqu'on va de l'équateur au pôle. Aussi a-t-on considéré les diverses altitudes d'une montagne comme des degrés de latitude condensés sur un très-petit espace. On a même calculé qu'en moyenne, pour la France, quatre-vingt-dix mètres d'altitude correspondent à un degré de latitude. Cette vue est en grande partie exacte, et il est certain que la température exerce la principale influence sur les limites des plantes en altitude comme sur leurs limites polaires. Néanmoins il existe des différences marquées entre le climat des régions montagneuses et celui des contrées septentrionales; elles se traduisent par une végétation plus ou moins différente. Ainsi l'air y est souvent plus sec, dans tous les cas plus transparent, la lumière y est donc plus vive ; l'air plus souvent et plus violemment agité, la quantité de chaleur reçue par le sol parfois considérable.

La limite supérieure est toujours nettement tracée ; il n'en est pas ainsi pour la limite inférieure. Les graines des plantes des régions supérieures sont plus facilement entraînées en dessous d'elle par les caux, les vents, leur propre poids ; elle peuvent d'ailleurs plus aisément se développer temporairement sous un climat plus tempéré que ne le feraient les plantes des régions inférieures sous un climat plus rude. Cependant, au point de vue forestier, cette limite inférieure est plus importante encore à connaître que la supérieure, parce que c'est celle que l'on sera le plus souvent tenté de dépasser. Malgré les difficultés qui viennent d'être signalées, il est toujours facile de l'établir par une observation attentive. En effet, en dehors de cette limite, les individus d'une espèce sont disséminés ; ils accomplissent mal toutes leurs phases de végétation ; leur longévité est diminuée ; enfin leur bois, pour les arbres, offre des modifications désavantageuses de densité, d'élasticité, de durée, qui ne trompent pas un œil exercé.

Stations. — Après avoir déterminé les aires d'espèces et les causes qui les ont déterminées, nous avons à examiner maintenant la façon dont elles se répartissent chacune dans leurs aires, suivant des conditions toutes locales, autrement dit leurs stations, et les causes qui les fixent ainsi sur un point plutôt que sur un autre. Ce Manuel étant consacré exclusivement aux végétaux d'une seule station, *les forêts*, à ceux même qui, par leur taille, la constituent, nous laisserons complétement de côté toutes les autres, les rochers, les eaux stagnantes, courantes, la mer, les décombres, etc., etc., et, dans l'étude des causes qui font préférer aux végétaux une station à une autre, nous nous attacherons à deux seulement, parce qu'elles ont, dans la pratique, une importance qu'on ne méconnaît jamais impunément : la *nature du sol* et la *quantité d'eau* qu'il renferme.

On a vu, lorsqu'il a été question des sols, qu'ils peuvent se ramener à trois types : calcaires, siliceux et argileux ; que le dernier se distingue des deux premiers par des propriétés physiques nettement tranchées ; il est notamment très-compacte, très-hygroscopique et froid. Certaines essences recherchent les sols ainsi caractérisés, et au premier rang, les deux plus précieuses pour la France, les chênes rouvre et pédonculé ; mais d'autres, au contraire, redoutent l'exagération de ces qualités des sols argileux, le frêne commun, par exemple. Quant aux sols siliceux et calcaires, à côté de quelques propriétés physiques communes, ils en présentent aussi qui sont différentes. En outre, au point de vue chimique, les premiers sont pauvres ou peu riches en matières solubles, tandis que les seconds renferment une quantité considérable de carbonate de chaux, substance susceptible de devenir soluble et assimilable, et qui fait presque complétement défaut aux premiers. Cette dernière propriété met en opposition les terres calcaires non-seulement avec les siliceuses, mais encore avec les argileuses, les marnes exceptées. Si l'on étudie le tapis végétal qui recouvre les sols calcaires, on voit qu'à côté d'espèces qui se retrouvent sur tous les sols, il en renferme d'autres qui ne se trouvent jamais sur les sols siliceux ou argileux ; d'autres, enfin, qui s'y rencontrent mais beaucoup plus rarement. On peut faire, pour les sols siliceux ou argileux, une observation inverse. Ces plantes caractéristiques portent le nom de *calcicoles* dans le premier cas, telles sont : le sainfoin, le trèfle commun, le buis, le sorbier domestique; celui de *silicoles* dans le second, telles sont : le genêt à balais, la bruyère commune, l'airelle myrtille, le châtaignier.

Quelle est la cause qui fait ainsi choisir par

certaines plantes un sol de composition chimique déterminée? Les unes ont-elles besoin de chaux en plus grande quantité ; les autres de silice, ou bien ces dernières redoutent-elles seulement un excès de chaux? Ne sont-ce pas, au contraire, les propriétés physiques presque indissolublement liées à la composition chimique qui règlent seules la distribution de ces espèces? serait-ce encore la réunion de ces deux causes? Questions difficiles, vivement controversées et dont la discussion nous entraînerait trop loin. Qu'il nous suffise de dire qu'à notre avis la dernière manière de voir est la plus probable et que, dans certains cas, l'action chimique nous semble absolument prépondérante. Quoi qu'il en soit de la manière de les expliquer, les faits subsistent, et les conclusions pratiques à en tirer restent en partie les mêmes. La principale consiste à ne pas tenter l'introduction d'une espèce sur un sol autre que celui qu'elle exige ou même préfère.

En France, les grandes essences forestières ne manifestent pas d'exigences bien marquées à cet égard. Seules, une essence probablement introduite, le châtaignier, et deux méridionales, le chêne liége et le pin maritime, sont franchement silicicoles. Le pin sylvestre paraît aussi préférer les terres siliceuses. Aucune n'exige absolument les sols calcaires, sauf peut-être le pin d'Alep dans le Midi, et des essences secondaires comme le sorbier domestique. Une race du pin laricio, le pin noir d'Autriche, introduite en France, préfère, si elle ne les exige, les terres de cette nature, y réussit admirablement, et rend tous les jours de grands services pour les reboiser ou même pour y introduire la végétation forestière, comme dans les parties toujours non boisées de la Champagne.

La quantité d'eau contenue dans le sol joue un grand rôle dans la distribution des espèces en stations. Lorsqu'elle surabonde, on a les *marais* proprement dits où la végétation ligneuse ne joue qu'un rôle secondaire ; mais sans en arriver là les forêts présentent des degrés d'humidité du sol très-variés et préférés chacun par des espèces différentes. Ce serait une grand erreur de vouloir transporter les essences des forêts humides dans les stations sèches, et réciproquement; d'introduire, par exemple, le chêne rouvre ou le pin sylvestre dans les forêts humides ou marécageuses; de planter en chêne pédonculé ou en aune une pente siliceuse ou calcaire sèche. Ce serait encore une faute, dans une forêt de chêne pédonculé en bel état de végétation sur un sol très-humide, de changer la station par des assainissements exagérés.

Modifications dans les aires d'espèces. — Jusqu'à présent, nous n'avons indiqué comme déterminant les aires que les conditions climatériques. Mais il peut arriver aussi qu'elles résultent pour partie d'un obstacle géographique, tel qu'un bras de mer qui, en arrêtant la dissémination de l'espèce à partir de son point d'origine, l'empêche de gagner des régions dont le climat lui serait favorable. Dans ce cas, si, par une cause quelconque, telle qu'un transport conscient ou inconscient de quelques pieds ou graines par l'homme, elle arrive à franchir cette barrière, elle peut voir son aire s'étendre considérablement ; c'est ce qui est arrivé à diverses reprises, en France, pour des plantes américaines par exemple, qui aujourd'hui sont aussi abondantes à l'état sauvage que les plantes indigènes les plus vulgaires. Néanmoins, les faits sont beaucoup plus rares qu'on ne se le figure communément et la quantité d'espèces ainsi fixées est singulièrement restreinte si on la compare au nombre immense de celles qui ont été introduites dans nos jardins. C'est qu'en effet il est bien rare que le climat de deux contrées soit absolument identique : à vrai dire, cela ne se rencontre jamais. Ce sont cependant ces faits d'observation qui ont amené les hommes qui s'occupent de l'éducation des végétaux à des titres divers, à tenter ce que l'on a appelé *l'acclimatation* et la *naturalisation*. Nous allons examiner ce que ces pratiques peuvent avoir de fondé, ce qu'elles ont aussi d'inutile ou même de purement chimérique.

Acclimatation et naturalisation. — L'acclimatation consisterait dans l'obtention graduelle, par la culture, d'individus se pliant aux conditions d'un climat différent de celui auquel leur espèce était soumise dans sa patrie. Appliquée à des plantes vivaces destinées à être abandonnées à elles-mêmes et à subir les influences d'un climat pendant toutes les saisons, comme le sont nos essences forestières, c'est une pure chimère ; tentée un très-grand nombre de fois pour les espèces les plus différentes, elle a toujours échoué. Toute plante qui n'a pu résister au moment de son introduction, succombera inévitablement dans les essais postérieurs que l'on tentera pour l'introduire. Si parfois, une ou plusieurs années exceptionnellement avantageuses à son développement font naître quelque illusion, la première saison défavorable, un hiver froid pour les espèces méridionales, un été sec et chaud pour celles du Nord ou des montagnes, suffira pour la mettre à néant.

La naturalisation est chose plus sérieuse : elle consiste dans l'introduction de plantes auxquelles leur constitution permet de vivre immédiatement sous le climat de leur nouvelle patrie. Pour qu'elle soit complète, il faut que la plante puisse germer, atteindre tout son développement, fleurir, fructifier, et même qu'abandonnée en liberté, elle puisse se régénérer indéfiniment par la semence; entendue ainsi la naturalisation est fort rare, comme nous l'avons vu précédemment. Mais un grand nombre de plantes présentent des degrés intermédiaires; elles sont susceptibles ou de développer seulement leurs organes de végétation, ou de produire des fleurs, mais pas de fruits, ou enfin de fructifier régulièrement, mais sans pouvoir se reproduire spontanément. Même avec ces restrictions, leur introduction peut être un bienfait pour l'agriculture et l'horticulture, où il est possible de multiplier les végétaux par boutures, marcottes, greffes, où dans tous les cas, même lorsqu'on a recours à la graine, on peut efficacement protéger la jeune plante contre les influences fâcheuses du climat, et surtout contre la concurrence qui lui est faite par les végétaux indigènes plus robustes. Notons toutefois, en passant, que le nombre des espèces vraiment utiles introduites dans la grande culture depuis les voyages de découvertes du XVe et du XVIe siècle, est extrêmement restreint, et qu'elles étaient déjà cultivées dans leur lieu d'origine: tel est le cas de la pomme de terre et du maïs, les deux plus importantes parmi ces additions à nos plantes agricoles.

En sylviculture, il est évident qu'il faut, pour qu'un arbre puisse être utilement introduit, qu'il se régénère indéfiniment, c'est-à-dire que la naturalisation en soit complète. Cela seul montre combien le cas doit être rare. Mais cette condition remplie ne suffit pas, il faut en outre que le bois des espèces dont on poursuit l'introduction soit supérieur, à quelque égard, à celui des espèces indigènes et qu'il ne subisse aucune modification désavantageuse pour lui dans les nouvelles conditions où on le force à végéter; or, presque tous les arbres qui sont, à la rigueur, susceptibles d'importation en France, et en général en Europe, ont des bois inférieurs à ceux que produit cette région naturelle, dont les forêts fournissent des bois de la structure la plus variée, de qualités supérieures, susceptibles de subvenir aux exigences de tous les grands emplois. D'ailleurs, un arbre dépaysé, même lorsqu'il se développe avec vigueur, perd souvent de sa longévité, et, dans tous les cas, subit fréquemment dans son bois des modifications profondes et désavantageuses pour l'emploi qu'on en peut faire. Tels sont les faits que nous présentent les conifères, le mélèze, le sapin, l'épicéa, par exemple, descendus des montagnes dans les plaines : ils ont une croissance vigoureuse pendant les premières années, mais elle s'arrête bien vite, et la longévité de l'arbre est même faible ou très-faible; leur bois devient très-mou, n'a plus ni élasticité, ni durée.

Il n'est pas étonnant dès lors de constater que, malgré des essais nombreux, presque quotidiens, le nombre des espèces naturalisées dans les forêts de la France, se réduise à deux : le châtaignier, dont la non-spontanéité est seulement probable, dont l'introduction serait fort ancienne, et le robinier, importé de l'Amérique du Nord au dix-septième siècle. Encore faut-il bien dire que ces deux espèces, qui rendent de très-grands services, sont exclusivement des essences de taillis, où la main de l'homme intervient presque constamment. On pourrait ajouter le pin d'Autriche; mais c'est à peine si on peut le considérer comme une naturalisation. Son pays d'origine est très-rapproché, et l'espèce à laquelle il appartient est représentée en France par plusieurs races spontanées. D'ailleurs, s'il est très-précieux pour couvrir au moins temporairement les sols calcaires, on est loin d'être fixé sur la qualité et les dimensions des produits qu'il fournira, sa culture en grand étant encore très-récente.

Applications et régions naturelles de végétation. Tout ce qui vient d'être dit trouve son application dans les travaux de reboisement. On devra toujours, en pareil cas, examiner avec soin la végétation forestière spontanée du pays ; même lorsqu'elle a été soumise aux plus grandes dévastations, il en reste toujours quelques lambeaux suffisants pour fournir d'utiles renseignements. Ce sont les espèces indigènes dont on aura constaté l'existence qu'il faudra avant tout employer. Mais, pour se guider dans cette étude, il est bon de diviser la France en un certain nombre de régions végétales. Ce travail offre d'assez grandes difficultés, à cause de la continuité que présentent tous les phénomènes naturels, et en particulier la répartition des plantes à la surface de la terre. Voici cependant une division qui semble assez naturelle. Chaque région est caractérisée par des végétaux ligneux forestiers ou objet de grandes cultures.

1° *Région méditerranéenne ou de l'olivier*. Cette espèce y est abondamment cultivée. La végétation forestière est caractérisée par le pin d'Alep, qui n'en sort pas, par l'abondance des chênes à feuilles persistantes, yeuse, liége, kermès.

2° *Région de la plaine et des collines ou de la vigne*. Elle comprend toute la France non montagneuse, en dehors de la région précédente. La vigne est cultivée sur la plus grande partie de sa surface ; elle fait défaut, cependant, au moins comme plante de grande culture, vers le nord. Mais on y rencontre partout deux essences forestières de premier ordre, les chênes rouvre et pédonculé, qui y forment des forêts, soit seuls, soit en mélange avec d'autres essences, dont les plus importantes sont, au nord, le charme et le hêtre. Les conifères y font presque complétement défaut à l'état spontané ; le pin maritime y occupe cependant des surfaces considérables au midi ; le pin sylvestre y est un peu représenté au nord.

3° *Région montagneuse ou du sapin.* Cette essence y constitue des forêts importantes, soit seule, soit en mélange avec le hêtre, qui y est également très-abondant ; le pin sylvestre y est parfois assez largement représenté.

4° *Région alpestre ou de l'épicéa.* Cette essence, qui apparaît déjà à la partie supérieure de la région précédente, devient ici tout à fait dominante. Un autre conifère, le pin de montagne, qui lui est fréquemment associé ou le remplace, contribue aussi à donner à ces pays leur physionomie spéciale.

5° *Région subalpine ou du mélèze.* Cette essence y est très-dominante et finit par y constituer, avec le pin cembro, toute la végétation forestière importante, qui finit avec eux.

6° *Région alpine ou des pâturages.* Entre la région précédente et les neiges perpétuelles, s'étendent de grands pâturages ; la végétation ligneuse y fait complétement défaut ou n'est plus représentée que par des arbustes ou des arbrisseaux, tels que l'aune vert, plusieurs saules spéciaux pour ces hautes régions.

Ces diverses régions présentent un tableau fidèle de la végétation de la France. Il ne faut pas cependant y chercher une rigueur qui n'est pas dans la nature des choses. Ainsi la vigne est caractéristique de la seconde région parce qu'on ne la rencontre pas dans celles qui la suivent en ordre d'altitude; mais elle est déjà très-abondamment cultivée dans la première, à laquelle on a donné pour caractéristique l'olivier, parce qu'il n'en sort pas.

Distribution géographique en France des essences les plus importantes. — Maintenant que nous savons quelles sont les causes principales pour lesquelles une espèce habite une localité plutôt qu'une autre, nous allons énumérer les essences les plus importantes de France, en indiquant quelle est leur répartition à la surface du territoire.

Le *chêne pédonculé* est commun partout, sauf dans le sud-est. Il occupe, en général, les forêts situées dans les plaines, les grandes vallées à sol frais et même humide. Lorsque cette condition du sol est remplie, on le trouve aussi dans les régions de coteaux et même de basses montagnes où, dans le nord-est, il peut monter jusqu'à 700 à 800 mètres ; mais, dans ce cas, il est à l'état de pieds isolés et ne fournit plus de produits importants.

Le *chêne rouvre* est très-commun dans toute la France, en plaine et surtout dans les pays de coteaux, même de basses montagnes, où il présente à peu près les mêmes limites que le chêne pédonculé. Il cesse d'être une essence de valeur à peu près au point où le sapin fait son apparition.

Le *chêne yeuse* est une essence méridionale qui cependant, dans l'ouest, remonte le long du littoral jusqu'aux environs de la Loire.

Le *chêne liége* se trouve sur le littoral de la Méditerranée ; il croît sur les sols siliceux et paraît fuir les calcaires.

Le *chêne occidental* est très-commun sur les sables des Landes, entre la Gironde et l'Adour, où il fournit des produits analogues à ceux du chêne liége.

Le *hêtre commun* est très-abondant dans toutes les forêts de la France septentrionale, en plaine comme en montagne, pourvu que le sol ne soit ni trop compacte, ni trop humide. Au sud de la Loire, à mesure qu'on s'avance vers le Midi, il devient plus rare en plaine, où il finit par disparaître. Mais il se retrouve toujours dans les montagnes, où il s'élève très-haut. Sa limite supérieure varie entre 1,300 et 1,700 mètres, suivant la latitude.

Le *châtaignier* a été introduit dans toute la France, dans les régions de collines et de basses montagnes à sol siliceux, car il redoute singulièrement les sols calcaires.

Le *charme commun* est très répandu dans le nord et l'est; il fait défaut dans le Midi et une partie de l'ouest, au moins dans les plaines. On le trouve sur tous les sols, en plaine et dans les régions de coteaux. Il s'élève très-peu dans les montagnes, pas au-dessus de 500 à 600 mètres dans les Vosges.

L'*aune commun* est abondant dans les forêts humides et au bord des eaux de toute la France.

Le *bouleau blanc* est très-abondant dans toute la France septentrionale; dans le Midi, on le trouve dans les régions montagneuses. Il recherche les sols frais et sablonneux, probablement à cause de leur peu de ténacité, et non à cause de leur composition siliceuse. Il s'élève très-haut dans les montagnes, jusqu'à 2,000 mètres pour les Alpes. Il y est habituellement représenté par sa forme pubescente, ainsi que sur les sols très-humides ou même marécageux.

Le *frêne commun* habite les grandes vallées, les vallons des régions accidentées. Il recherche surtout un sol frais, peu compacte et très-fertile. Il s'élève assez haut dans les montagnes.

L'*orme champêtre* est un arbre de plaines, de

grandes vallées à sol frais, fertile. Ses stations sont complétement analogues à celles du chêne pédonculé, qu'il accompagne fréquemment.

L'*orme de montagne* habite les régions de collines et de montagnes inférieures.

L'*érable champêtre* est très-commun dans les forêts de plaines et de coteaux de presque toute la France.

Les *érables sycomore et plane* offrent à peu près la même répartion; ils habitent les régions accidentées, collines et montagnes, où ils s'élèvent à peu près à la même altitude que le hêtre.

Le *sapin pectiné* est un arbre des régions montagneuses; on le trouve dans les Vosges, le Jura, les Alpes, les Pyrénées, les montagnes du Plateau central, de la Corse. Il y succède au chêne et s'élève jusqu'à une altitude variable entre 1,150 mètres environ dans les Vosges et 1,950 dans les Pyrénées. Il recherche la fraîcheur dans le sol et l'exposition.

On a fréquemment cherché à introduire le sapin, dans les forêts situées au-dessous de la limite inférieure; dans ces nouvelles conditions, il a une croissance d'abord très-active, mais elle se ralentit bientôt; sa longévité est très-diminuée; son bois mou, peu élastique, est de peu de durée. Cette observation s'applique également aux deux espèces suivantes, dont la réussite par voie de plantation est plus facile que celle du sapin, et qui, par suite, ont été introduites sur une large échelle à des stations inférieures.

L'épicéa commun est un arbre des régions montagneuses élevées; pour la France, il est rare dans les Vosges, où il n'existe à l'état spontané que dans la partie la plus centrale, la plus humide et la plus élevée de la chaîne; assez commun dans le Jura, très-abondant dans les Alpes, très-rare dans les Pyrénées, il n'existe pas dans les montagnes du Plateau central. Sa limite inférieure est notablement au-dessus de celle du sapin, il s'élève aussi au-dessus de la limite supérieure de cette essence. Il est absolument indifférent à la nature du sol.

Le mélèze d'Europe se rencontre, en France, seulement dans la région supérieure des Alpes, du Dauphiné et de la Savoie, où il s'élève jusqu'à 2,000 mètres. Il paraît y être en grande partie fixé par l'atmosphère sèche et froide de ces hautes régions.

Le *pin sylvestre* recherche les sols sablonneux; il se trouve en plaine dans l'Alsace septentrionale; dans le reste de la France, il ne se rencontre à l'état spontané que dans les régions montagneuses; il redoute toutefois les grandes altitudes, aussi est-ce dans les montagnes du Plateau central qu'il constitue les massifs les plus importants.

Le *pin laricio* est très-répandu dans les montagnes de la Corse et dans les Cévennes; il est représenté dans chacune de ces régions par une race différente; sous la forme appelée pin noir d'Autriche, il a été très-répandu, dans ces dernières années, sur les sols calcaires du nord et du centre, par voie d'introduction artificielle.

Le *pin d'Alep* habite exclusivement la région méditerranéenne, où on le rencontre en plaine et sur les collines; il paraît rechercher les sols calcaires.

Le *pin maritime* se rencontre dans la France méridionale, surtout sur le littoral de la Méditerranée et celui de l'Océan, où il remonte, à l'état spontané, jusque sur les côtes de Saintonge. Il habite les plaines et les montagnes inférieures; il recherche et paraît exiger les sols siliceux.

III

BOTANIQUE DESCRIPTIVE

DESCRIPTION ET HISTOIRE

DES ESSENCES FORESTIÈRES PRINCIPALES

CROISSANT EN FRANCE.

NOTIONS DE NOMENCLATURE.

Tout travail de description et d'histoire des objets naturels, si restreint et si élémentaire qu'il soit, exige, pour être clair et précis, l'emploi d'une méthode et de termes rigoureusement définis. Aussi avant d'entreprendre l'histoire sommaire de nos principales essences forestières, est-il bon de donner quelques notions de nomenclature et de bien établir ce que signifieront les expressions spéciales dont nous nous servirons. Empruntées toutes au langage habituel, elles y ont un vague qu'il importe de faire disparaître.

Espèces. — On nomme *espèce*, l'ensemble de tous les végétaux qui se ressemblent et qui sont susceptibles de se reproduire indéfiniment, tels qu'ils sont, dans des conditions quelconques de végétation. Le chêne pédonculé, par exemple, est une espèce, parce qu'on range sous ce nom tous les chênes dont les fruits sont portés sur un long pédoncule commun, et dont les feuilles ne sont nullement velues; parce qu'en outre un gland, recueilli sur un chêne présentant ces caractères, en produira toujours, par la germination, un identique, susceptible lui-même d'en donner, par semence, un troisième semblable, et ainsi de suite indéfiniment.

L'espèce est ce qu'en langage forestier on nomme *essence*.

Variété. — Il arrive souvent que des arbres appartenant à une espèce, présentent, suivant les sols où ils ont crû, les climats sous lesquels ils ont végété, quelques modifications de médiocre importance. C'est ainsi que chez le chêne rouvre, dont les feuilles présentent toujours quelques poils à la face inférieure, certains arbres offrent es feuilles densément velues. C'est ainsi que chez certains autres, les glands sont agglomérés en grand nombre sur un pédoncule commun très-raccourci. On nomme *variétés*, les groupes de végétaux qui, dans une espèce, présentent ainsi des modifications de faible importance et ne se perpétuant pas régulièrement par la semence.

Race. — Il peut se faire que ces modifications résultant d'une adaptation à des conditions de végétation spéciale, opérées depuis un grand nombre d'années, se reproduisent exactement et indéfiniment par semence dans le même lieu, et persistent même pendant quelques générations, tout en s'affaiblissant graduellement, lorsqu'on élève le végétal dans d'autres conditions. On donne, dans ce cas, au groupe de végétaux ainsi modifié, le nom de *race*. Ainsi le pin laricio, croissant sur les granits de la Corse, est un arbre élancé, à ramification courte, peu développée, irrégulière, tandis que sur les calcaires et les roches agrégées de l'Autriche, il est un peu moins élevé, a une ramification ample et touffue, un feuillage beaucoup plus serré; de là deux races : pin laricio de Corse, et pin laricio d'Autriche.

Genre. — On appelle *genre*, une réunion d'espèces ayant entre elles une grande ressemblance et, par suite, un caractère important commun à toutes. Le genre chêne, par exemple, renferme diverses espèces : chêne pédonculé, rouvre, tauzin, yeuse, liége, etc., offrant toutes, indépendamment d'une ressemblance générale, le caractère commun d'un gland enveloppé, à la base seulement, par une cupule écailleuse.

Famille. — On nomme *famille*, une réunion de genres présentant une grande analogie de structure, et, par suite, un ou plusieurs caractères communs d'ordre supérieur à ceux du genre. Ainsi la famille des cupulifères comprend les genres chêne, hêtre, charme, offrant le caractère commun d'un fruit qui est un gland.

Pour nommer une espèce, on emploie toujours deux mots : le nom commun du genre, suivi d'un qualificatif spécial à chacune. Exemple : chêne pédonculé, chêne rouvre, orme champêtre, orme de montagne.

Nous nous bornerons à l'étude des genres et des espèces de végétaux forestiers français les plus importants ; l'énumération en est donnée dans les deux tableaux suivants, qui permettront d'arriver rapidement à les déterminer.

Cinq colonnes du premier contiennent disposés d'une façon analytique les caractères qui conduisent à la détermination des genres dont les noms occupent la sixième colonne. Les familles auxquelles ceux-ci appartiennent sont indiquées dans la septième.

Dans le second tableau, les espèces sont énumérées par genre. Lorsque dans un de ceux-ci plusieurs espèces sont étudiées, une clé analytique, semblable à celle du premier tableau, conduit à la détermination de chacune d'elles.

TABLEAU DES FAMILLES

1re DIVISION. —

Limbe des feuilles plus ou moins étalé ; celles-ci presque toujours caduques

Amentacés.	Monoïques.	Gland solitaire enchâssé par la base dans une cupule écailleuse .
		Deux glands triangulaires, renfermés dans une cupule épineuse.
		Gland comprimé, à côtes, au fond d'une large cupule foliacée . .
		Cône à écailles persistantes après la chute des graines . . . .
		Cônes à écailles caduques avec les graines. . . . .
	Dioïques. . .	Capsule à très-petites graines aigrettées, chatons pendants . . . .
		d° d° d° chatons dressés . . . . .
Non amentacés.	Polygames .	Samare oblongue avec 1 graine, rarement 2, à la base. . . . . . .
	Hermaphrodites. . . .	Samare presque circulaire, à graine centrale . . . .
		Samare double à deux ailes opposées. . . . .
		Fruit sec, globuleux, ne s'ouvrant pas . . . .
		Drupe à noyau, luisante . . . .
		Pomme à pépins, solitaire ou par 2 à 3 ; globuleuse. . . . .
		Pomme à pépins, solitaire ou par 2 à 3 ; forme de poire . . . . . .
		Pommes à pépins, disposées en corymbe . . . .
		d° d° . . . .

2e DIVISION. — BOIS RÉSINEUX

Feuilles sous forme d'aiguilles, persistantes, sauf un seul cas. Ramification souve[nt]
nues, amentacée[s]

Feuilles solitaires, persistantes, aplaties, marquées en dessous de 2 raies argentées.	Cône à écailles minces, à maturation	
d° d° quadrangulaires et aigues	d°	d°
Feuilles en faisceaux, caduques, molles et herbacées . .	d°	d°
Feuilles réunies par 2 à 5 dans une gaîne, persistantes	Cône à écailles épaissies, à maturation	

DES GENRES.

IS FEUILLUS.

fication diffuse. Bois non résineux, pourvus de vaisseaux.

oppe florale simple, écailleuse . .	Feuilles simples, alternes . . .	Chêne.	CUPULIFÈRES.
d° . . . . . . d°	. . . d° . . . . d°	Hêtre	
d° . . . . . . d°	. . . d° . . . . d°	Charme	
d° . . . . . . d°	. . . d° . . . . d°	Aune	BÉTULINÉES
d° . . . . . . d°	. . . d° . . . . d°	Bouleau.	
d° . . . . . . d°	. . . d° . . . . d°	Peuplier	SALICINÉES.
d° . . . . . . d°	. . . d° . . . . d°	Saule	
oppe florale nulle	Feuilles composées, opposées. .	Frêne	OLÉACÉES.
oppe florale simple	Feuilles simples, alternes . . .	Orme	ULMACÉES.
oppe florale double	Feuilles simples, opposées. . .	Érable.	ACÉRINÉES.
d° . . . d°	Feuilles simples, alternes . . .	Tilleul	TILIACÉES.
d° . . . d°	. . . d° . . . d°	Cerisier.	AMYGDALÉES
d° . . . d°	. . . d° . . . d°	Pommier	POMACÉES.
d° . . . d°	. . . d° . . . d°	Poirier	
d° . . . d°	. . . d° . . . d°	Alisier	
d° . . . d°	Feuilles composées, alternes . .	Sorbier	

ONIFÈRES. ARBRES VERTS.)

ticillée; bois résineux, sans vaisseaux. Le fruit est en cône; les fleurs sont raison monoïque.

nuelle, dressé, écailles caduques	Sapin	ABIÉTINÉES.
d° pendant, écailles persistantes	Épicéa	
d° dressé d° d°	Mélèze	
sannuelle, étalé ou réfléchi. Écailles persistantes	Pin.	

TABLEAU DES ESPÈCES.

Genre		Caractères	Espèce
Chêne	Feuilles caduques.	Feuilles entièrement glabres, à peine pétiolées; glands espacés sur un long pédoncule commun.	Chêne pédonculé.
		Feuilles pétiolées et plus ou moins poilues en dessous; glands solitaires ou agglomérés sur un pédoncule court.	Chêne rouvre.
		Feuilles couvertes, surtout en dessous et dans la jeunesse d'un abondant duvet étoilé; racines fortement drageonnantes. . . .	Chêne tauzin.
	Feuilles persistantes.	Feuilles vertes en dessus, blanches en dessous; gland annuel. Écorce ne produisant pas de liége	Chêne yeuse.
		Feuilles vertes en dessus, blanches en dessous; gland annuel. Écorce produisant du liége . .	Chêne liége.
		Feuilles vertes en dessus, blanches en dessous; gland annuel. Écorce produisant du liége . .	Chêne occidental.
Hêtre			Hêtre commun.
Charme			Charme commun.
Aune . . .		Feuilles tronquées et même échancrées au sommet, vertes sur les deux faces.	Aune commun.
		Feuilles pointues, blanchâtres en-dessous	Aune blanc.
Bouleau			Bouleau blanc.
Peuplier . .		Feuilles vertes sur les deux faces; bourgeons glabres et visqueux	Peuplier noir.
		Feuilles vertes sur les deux faces; bourgeons visqueux et poilus	Peuplier tremble.
		Feuilles blanches en dessous; bourgeons secs et poilus	Peuplier blanc.

Genre	Caractères		Espèce
Saule . . .	Feuilles moitié aussi larges que longues, vertes en dessus, vert-blanchâtre mat en dessous.		Saule marceau.
	Feuilles beaucoup plus longues que larges, à reflets blancs-soyeux, surtout en dessous.		Saule blanc.
Frêne			Frêne commun.
Orme. . . .	Samare sessile, non ciliée. . .	Graine rapprochée du sommet de la samare	Orme champêtre
		Graine exactement centrale	Orme de montagne.
	Samare pédonculée, ciliée sur les bords.		Orme diffus.
Érable. . .	Feuilles mates et blanchâtres en dessous ; fleurs et fruits en grappe pendante.		Érable sycomore.
	Feuilles vertes et luisantes en dessous . .	Incisions des feuilles largement arrondies, feuilles grandes	Érable plane.
		Incisions des feuilles en angles aigus à peine arrondis ; feuilles petites. . .	Érable champêtre.
Tilleul. . .	Feuilles blanchâtres en dessous ; fruit dépourvu de côtes saillantes		Tilleul à petites feuilles
	Feuilles vertes et mollement velues en dessous ; fruit pourvu de côtes saillantes		Tilleul à grandes feuilles
Cerisier.			Cerisier mérisier.
Pommier			Pommier acerbe.
Poirier.			Poirier sauvage.
Alisier . .	Feuilles d'un blanc pur en dessous ; fruits rouges, farineux, non comestibles.		Alisier blanc.
	Feuilles vertes ou vert-grisâtre en dessous ; fruits devenant bruns en blossissant, comestibles.		Alisier terminal.

Sorbier . .	Bourgeons non visqueux ; fruit rouge, petit, farineux, non comestible . . .		Sorbier des oiseleurs.
	Bourgeons visqueux ; fruit devenant brun en blossissant, charnu, pulpeux, comestible.		Sorbier domestique.
Sapin			Sapin pectiné.
Épicéa			Épicéa commun.
Mélèze			Mélèze d'Europe.
Pin	Feuilles courtes, de 5 à 6 cent. de long, d'un vert terne ; cône gris, mat, de 3 à 6 cent. de long		Pin sylvestre.
	Feuilles de 6 à 25 cent. de long, d'un vert pur.	Feuilles épaisses, de 10 à 15 cent. d'un vert foncé ; cônes luisants, de 5 à 8 cent.	Pin laricio.
		Feuilles grêles, de 6 à 7 cent. d'un vert clair ; cônes roux, luisants, de 10 à 12 cent. . .	Pin d'Alep.
		Feuilles trapues, longues de 10 à 25 cent. ; cônes roux, luisants, de 14 à 18 cent., fortement carénés en travers . . .	Pin maritime

DIVISION I.

BOIS FEUILLUS.

Limbe des feuilles plus ou moins étalé, celles-ci presque toujours caduques. Ramification diffuse. Bois non résineux pourvus de vaisseaux.

FAMILLE I.

Cupulifères.

Fleurs à enveloppe simple, écailleuse. Floraison monoïque. Fleurs mâles en chatons cylindriques, quelquefois globuleux. Fleurs femelles entourées à la base d'écailles destinées à former la cupule. Le fruit est un gland, c'est-à-dire un fruit sec, indéhiscent, ne refermant qu'une seule graine par suite d'avortement, et enveloppé plus ou moins complétement par une cupule de forme et de consistance variable, suivant les genres. Les graines sont à cotylédons charnus, féculents. — Arbres à feuilles alternes, simples, à nervures disposées comme les barbes d'une plume. Stipules tombant au moment de l'épanouissement des feuilles. Font partie de cette famille, pour la

France, les genres : chêne, hêtre, châtaignier, charme, noisetier et ostrya ou charme-houblon.

Nous étudierons seulement les genres chêne, hêtre, charme, négligeant le genre noisetier, parce qu'il est représenté seulement par un arbrisseau, le genre ostrya à cause de sa rareté et le châtaignier, parce que la seule espèce qu'il renferme, le châtaignier commun, peut à peine être considéré comme une essence forestière. Il ne forme pas, en effet, de massifs étendus ; on le rencontre habituellement à l'état isolé ou constituant des taillis simples de création artificielle, exploités à de très-courtes révolutions et de faible contenance.

Gland solitaire enchassé par la base dans une cupule écailleuse . . . . *Chêne.*

Deux glands triangulaires renfermés dans une cupule épineuse. . . . . . *Hêtre.*

Gland comprimé, à côtes, au fond d'une large cupule foliacée. . . . . *Charme.*

GENRE I. — **Chêne.**

Fleurs mâles en chatons cylindriques, grêles, interrompus, pendants, situés à l'extrémité de la pousse de l'année précédente ou à la base de celles de l'année ; chacune d'elles est composée d'une enveloppe florale de 5 à 9 folioles et de 5 à 9 étamines. Les fleurs femelles, agglomérées ou espacées sur un axe dressé, sont situées à l'extrémité de la pousse de l'année. Chacune d'elles, composée d'un pistil et d'une enveloppe florale adhérente à l'ovaire, est enveloppée de petites et nombreuses écailles. L'ovaire, à trois loges, est surmonté par un style et trois stigmates. Le gland est ovoïde, apiculé au sommet, enveloppé à la base par une cupule écailleuse. Il renferme une seule graine à cotylédons épais et charnus, restant dans le sol après la germination. — Arbres à feuilles simples, alternes, caduques ou persistantes, à maturation annuelle ou bisannuelle.

Le bois des chênes est dur et lourd, d'un brun fauve, à aubier blanc, en général nettement circonscrit; il offre des rayons médullaires inégaux; un certain nombre d'entre eux, épais et hauts, produisent, quand le débit est fait d'une manière convenable, de larges maillures nacrées, fort recherchées pour les bois destinés à des emplois de luxe.

Le genre chêne renferme les essences les plus précieuses. L'étude en est donc fort importante; mais elle offre aussi de grandes difficultés, à raison du nombre des espèces, — on en compte neuf en France, — à raison aussi de la grande variabilité de certains caractères. C'est ainsi que la forme, le contour de la feuille; la forme, la grosseur, la saveur du gland, souvent invoqués dans la pratique pour la distinction des espèces, n'ont aucune valeur. Nous nous bornerons ici à l'histoire des six espèces françaises les plus importantes, que l'on pourra distinguer au moyen des caractères énumérés dans le tableau ci-après :

Chêne.	Feuilles caduques.	Feuilles entièrement glabres, à peine pétiolées; glands espacés sur un long pédoncule commun	CHÊNE PÉDONCULÉ.
		Feuilles pétiolées et plus ou moins poilues en dessous; glands solitaires ou agglomérés sur un pédoncule court.	CHÊNE ROUVRE.
		Feuilles couvertes, surtout en dessous et pendant la jeunesse, d'un abondant duvet étoilé; racines fortement drageonnantes	CHÊNE TAUZIN.
	Feuilles persistantes.	Feuilles vertes en dessus, blanches en dessous; gland annuel; écorce ne produisant pas de liége	CHÊNE YEUSE.
		Feuilles vertes en dessus, blanches en dessous; gland annuel, écorce produisant du liége	CHÊNE LIÉGE.
		Feuilles vertes en dessus, blanches en dessous; écorce produisant du liége	CHÊNE OCCIDENTAL.

Section I. — *Chênes à feuilles caduques.*

I. Chêne pédonculé, connu aussi sous les

noms de chêne blanc, chêne à grappes, chêne femelle, gravelin, châgne.

Feuilles à peine pétiolées, présentant deux petites oreillettes à la base, entièrement glabres, à contour sinueux, de consistance herbacée, d'un vert clair mat. Glands à maturation annuelle, au nombre de un à cinq sur un axe commun, allongé grêle, généralement pendant, placé sur les ramules feuillés de l'année. Cupule hémisphérique, à écailles planes, apprimées, triangulaires, émoussées, glabres ou très-faiblement poilues. — Arbre de très-grande taille, commun dans tout le nord, l'est, l'ouest, le sud-ouest et le centre de la France.

Le chêne pédonculé offre une variété caractérisée par ses rameaux grêles et redressés contre la tige, formant une longue cime étroite, analogue à celle du peuplier d'Italie. Elle est connue sous le nom de *chêne pyramidal*; très-rare à l'état spontané, elle est fréquemment cultivée dans les parcs et les jardins.

Taille, port, couvert. — Le chêne pédonculé atteint les dimensions les plus considérables. Sa tige, irrégulière jusque vers 40-50 ans, présente ensuite un fût droit et cylindrique pouvant atteindre, sans branches, une hauteur de 20 mètres. Cet arbre peut acquérir une élévation totale de

30 à 35 mètres, et une énorme circonférence : 8 à 9 mètres et même plus; sa longévité est considérable, elle peut s'élever à cinq et six siècles, quelquefois plus; mais il n'atteint pas des âges aussi élevés sans grand dommage pour son bois.

La ramification du chêne pédonculé est très-caractéristique, elle est constituée par quelques grosses et longues branches principales irrégulièrement coudées et flexueuses, portant des rameaux et ramules peu allongés, sur lesquels le feuillage se trouve ramassé en touffes serrées, entre lesquelles on aperçoit de larges et nombreuses trouées, de là résulte un couvert très-incomplet, inférieur à celui du chêne rouvre.

Feuilles. — La feuille du chêne pédonculé est d'un vert clair, peu luisant ou tout à fait mat; elle est plus herbacée, moins lourde que celle du chêne rouvre; elle se dessèche ordinairement à la fin de l'automne et tombe immédiatement, sauf celle des rejets et branches gourmandes qui persiste sèche jusqu'au printemps.

De ce que nous venons de dire sur les feuilles et le couvert du chêne pédonculé, il résulte qu'il est moins apte encore que le chêne rouvre à croître en massif pur, le couvert en étant plus léger, les détritus moins abondants; il en résulte aussi qu'il lui faut un sol plus riche et plus frais, condition offerte par ses stations naturelles dont il importe de ne pas le sortir.

Fructification, germination. — Le chêne pédonculé fructifie vers 60-100 ans; les rejets de souche peuvent donner des glands fertiles dès l'âge de 20 ans. Les glandées se répètent à des intervalles de temps très-variables, 2-10 ans, suivant le climat de la région où se trouve l'arbre; c'est dans le nord et l'est de la France que cette période est la plus longue. Il est rare, d'ailleurs, qu'il y ait manque absolu de glands, comme cela a lieu pour les faînes; et dans les provinces très-tempérées de la France, il n'y a jamais, à vrai dire, absence complète de glandée.

La floraison a lieu à la fin d'avril et au commencement de mai, ce qui la soumet fréquemment aux atteintes des gelées tardives. Le fruit mûrit de la fin de septembre à la mi-octobre de la même année.

Le gland ne se conserve que difficilement et pas au delà du printemps; l'hectolitre pèse en moyenne 50 kil., et en contient environ 2,200. Semé en automne, il germe à la fin de l'hiver, dès que la température est à 3 ou 4 degrés au-dessus de zéro; semé au printemps, il germe au bout de 4 ou 5 semaines. La radicule se dégage la première du gland, et elle a formé un long pivot dans le sol, bien avant que la jeune tige paraisse à la surface; souvent elle sort et même est brisée en partie avant le semis du gland, ce qui est sans inconvénient, plutôt avantageux pour obtenir de bons plants. Les cotylédons restent en terre et finissent par pourrir.

Le jeune plant, à raison de la profondeur de son enracinement, qui lui permet de puiser l'eau nécessaire à son alimentation dans une portion du sol toujours humide, résiste parfaitement à l'action du soleil; mais il est sensible à l'action de la gelée, d'autant plus que sa sortie de terre est très-précoce; et dans les pépinières, surtout dans le nord et l'est de la France, il demande souvent un peu d'abri contre cet agent atmosphérique. Au bout d'un an le jeune plant a acquis un à deux décimètres de hauteur.

Enracinement. — La racine du chêne pédonculé est essentiellement pivotante dans sa jeunesse ; à un an, elle atteint souvent 30 centimètres, quelquefois plus, de longueur. Vers 6-8 ans seulement, elle produit quelques racines latérales importantes; à 60-70 ans, celles-ci prennent le dessus et, plus tard, le pivot n'est que la moindre partie de l'enracinement total qui dépasse rarement 1 mètre à $1^{m},50$ de profondeur. Le bois de souches et de racines en coupant à 30 centimètres du sol, est 14-17 p. 100 du volume total.

Rejets et branches gourmandes. — Chez le chêne pédonculé un grand nombre de bourgeons ne se développent pas l'année qui suit celle de leur formation, ils restent longtemps à l'état dormant, susceptibles de se développer lorsque les circonstances leur deviennent favorables; de là une grande puissance de reproduction pour les souches, même à un âge avancé; de là aussi les nombreuses branches gourmandes qui garnissent le fût des réserves sur taillis, après chaque exploitation, branches si nuisibles aux arbres et qu'il importe de faire disparaître immédiatement.

Écorce. — L'écorce du chêne pédonculé est lisse et brillante, d'un gris argenté jusqu'à l'âge de 20 à 30 ans, composée des trois couches normales : liége, enveloppe herbacée et liber. Mais à 20 ou 30 ans, il se produit dans l'épaisseur du liber, des lames de liége qui font mourir et repoussent au dehors tout ce qui les recouvre. Il se forme alors à l'extérieur une portion morte, longitudinalement gerçurée, qui s'épaissit de plus en plus.

Station, sol. — Rare dans les régions accidentées sèches, montagnes ou coteaux, le chêne pédonculé habite de préférence les grandes plaines, à sol profond et au moins frais; il y existe le plus souvent seul à l'exclusion du chêne rouvre, il y croît parfaitement et atteint les plus belles dimensions dans les sols humides et même marécageux.

La nature minérale des terres lui est indifférente; cependant, comme il lui faut une somme d'humidité assez considérable, les sols argileux lui sont particulièrement favorables.

Bois, usages. — Le bois parfait est d'un brun fauve clair, uniforme, l'aubier est blanc et nettement limité. Grâce à l'inégale répartition des éléments qui composent le bois, les couches annuelles sont bien distinctes, la portion interne de chacune d'elles est formée d'un tissu poreux et reste d'une largeur assez fixe; l'extérieure au contraire, plus solide, plus résistante, se développe d'autant plus que la croissance est plus rapide.

La pesanteur est très-variable : plus élevée pour les bois du midi que pour ceux du nord, elle s'élève pour une même région avec la largeur des accroissements. Elle a été trouvée de 0,900 (alluvion de l'Adour) et de 0,633 (environs de Strasbourg), termes à peu près extrêmes.

Le bois de chêne est le plus précieux que produisent nos forêts, peut-être même n'y en a-t-il pas de supérieur au monde pour les grands emplois. Ce que nous allons en dire s'applique exclusivement au bois parfait; l'aubier est au contraire de la plus mauvaise qualité, sans durée, à moins qu'il ne soit injecté; il doit être soigneusement rejeté pour tout emploi important et exigeant de la durée.

Le bois de chêne pédonculé partage, avec celui de chêne rouvre, les qualités qui résultent de grandes dimensions, d'une résistance énergique aux agents de destruction, enfin d'une grande élasticité. Aussi tiennent-ils le premier rang pour les grandes constructions civiles et navales, pour les pièces principales des machines, pour le charronnage, la menuiserie, l'ébénisterie, le merrain, la fabrication des échalas, des lattes. On les emploie l'un et l'autre à ces divers usages; cependant, grâce aux conditions de végétation plus favorables dans lesquelles se trouve habituellement le chêne pédonculé, il atteint des dimensions en diamètre plus considérables que le rouvre, son bois est plus nerveux; aussi est-il recherché de préférence pour les grandes constructions, les machines, tandis que pour la menuiserie, l'ébénisterie, on lui préfère le rouvre. Les bois si estimés dans les arsenaux maritimes sous les noms de chêne de fossé ou de Normandie, de Bayonne, etc., proviennent de chênes pédonculés.

Employé comme combustible, le chêne est peu recherché en général, non pas que sa puissance calorifique ne soit très-élevée, comme celle de tous les bois durs, mais il brûle mal et exige un tirage très-actif, qui le rend gênant dans les foyers domestiques. Cependant il est à cette règle d'importantes exceptions. Quant au charbon, le chêne en donne d'excellent, à peu près égal à celui du hêtre.

Tau, et usages accessoires. — Toutes les parties du chêne contiennent le principe nécessaire pour le tannage des peaux, le tannin ; mais il est surtout concentré dans l'écorce, et pour celle-ci dans le liber, qui en contient de 15 à 16 p. °/₀, tandis que la portion morte en renferme seulement 4 p. °/₀.

Il en résulte que la meilleure écorce est celle des jeunes taillis ; elle est d'autant meilleure que la végétation est plus active, à égalité d'insolation toutefois ; aussi, le chêne rouvre, qui supporte mieux les expositions chaudes, est-il généralement supérieur au chêne pédonculé pour ce produit.

A vingt ans, le volume de l'écorce équivaut au 1/8 ou 1/15 de celui du bois exploité.

Après avoir servi au tannage des peaux, l'écorce, sous le nom de tannée, est employée comme combustible. Les glands, lorsqu'ils se produisent en abondance surtout, sont fort recherchés pour la nourriture des porcs.

II. Chêne rouvre, connu aussi sous les noms de chêne mâle, chêne noir, durelin, rouvre.

Feuilles à pétiole égalant le 5e-8e de la longueur du limbe, très souvent dépourvues d'oreillettes à contour sinueux, fermes et presque coriaces, d'un vert foncé et luisantes en dessus, glauques et toujours plus ou moins pubescentes en dessous, au moins aux aisselles des nervures ; glands à maturation annuelle, solitaires ou agglomérés, insérés contre les rameaux ou portés sur un axe velu, dressé, très-court. Cupule hémisphérique, à écailles triangulaires allongées, obtuses, planes ou tuberculeuses à la base, apprimées, plus ou moins velues. — Arbre de taille variable, commun dans toute la France.

Le chêne rouvre, comme presque tous les végétaux à stations très-variées, présente un grand nombre de variétés caractérisées par la taille de l'arbre, la taille, la forme, le revêtement des feuilles, la distribution des glands. Quelques-unes sont de véritables races se reproduisant avec une certaine fixité par semis ; il importe donc d'en tenir compte dans la pratique et de choisir les glands destinés aux repeuplements artificiels, sur les arbres les plus beaux, notamment sur ceux appartenant à la variété dite à larges feuilles, caractérisée par la grande taille de l'arbre, la largeur des feuilles, le peu d'abondance du duvet sur ces organes et sur la cupule. C'est à elle que s'appliquera à peu près tout ce que nous allons dire.

Le chêne rouvre offre beaucoup d'analogie avec le chêne pédonculé ; il s'en distingue nettement, toutefois, par des caractères et des exigences que nous allons indiquer et dont il importe de tenir grand compte dans la pratique.

Port et couvert. — La tige du chêne rouvre est moins sujette à se garnir de branches gourmandes que celle du pédonculé. La feuille, plus coriace, est d'un vert foncé et luisant ; elle est mieux répartie sur l'arbre que chez le pédonculé, la transition étant mieux ménagée des branches principales aux derniers ramules. Ce caractère permet de le reconnaître facilement, même à une assez grande distance. Il en résulte aussi que le couvert est plus épais que celui du pédonculé.

Station, sol. — Le chêne rouvre ne réussit pas, comme le pédonculé, dans les sols très-argileux, souvent marécageux des grandes plaines ; il préfère les régions de coteaux fraîches, mais non humides, à sol médiocrement tenace ou même sablonneux; il s'élève aussi dans les montagnes à des altitudes variables, suivant la latitude, mais sans pénétrer bien avant dans la région des sapins, où il cesse généralement de donner des produits utiles.

Bois. — Comme nous l'avons dit plus haut, le bois de cette espèce est en général moins résistant que celui de la précédente; il est généralement de la qualité dite *bois gras*. Comme, de plus, il est généralement de dimensions un peu moindres que celui du chêne pédonculé, on l'emploie moins que lui dans les grandes constructions; mais il fournit des merrains et des bois de menuiserie ou d'ébénisterie de premier ordre.

Cette essence, croissant dans des conditions de climat plus variées encore que celles sous lesquelles végète le chêne pédonculé, présente aussi des pesanteurs plus différentes, sans sortir beaucoup cependant des limites que nous avons indiquées pour cette dernière espèce.

III. Chêne tauzin, connu aussi sous les noms de chêne Angoumois, chêne noir, chêne brosse, chêne doux, chêne des Pyrénées.

Feuilles pétiolées, à contour sinueux, le plus

souvent dépourvues d'oreillettes, mollement et densément velues dans la jeunesse ; à l'état adulte fermes, d'un vert sombre, légèrement velues en dessus, densément en dessous. Glands à maturation annuelle, 2-4 sur un pédoncule robuste, dressé, de un à cinq centimètres. Cupule hémisphérique enveloppant au moins la moitié du gland, à écailles allongées, apprimées, mais lâches au sommet. — Arbre peu élevé, à tige revêtue d'une écorce épaisse, noire, profondément et largement crevassée, à longues racines traçantes abondamment drageonnantes. Commun dans les sols sablonneux de l'ouest, depuis Le Mans et Angers jusqu'aux Pyrénées.

Taille et port. — La tige du chêne tauzin est rarement droite ; elle se ramifie peu au-dessus du sol ; son port est irrégulier ; il atteint au plus 20 mètres de hauteur. Son caractère le plus important, tant au point de vue de la distinction de l'essence que de sa culture, est la faculté qu'il a de drageonner abondamment dès sa jeunesse et avant toute exploitation.

Cette disposition, jointe à la facilité avec laquelle il croît dans les sols sablonneux, le rend précieux pour le boisement des landes et des dunes.

Bois et écorce. — Le bois, fort analogue à celui du chêne rouvre lorsqu'il croît lentement aux expositions chaudes, est dense, très-raide, très-sujet à se gercer. Ces qualités et ces défauts, joints aux faibles dimensions qu'il possède en général, font qu'il est peu employé dans les constructions; mais il est recherché pour certains usages spéciaux, le charronnage par exemple, et c'est un bon combustible, fournissant un excellent charbon. Son écorce est de première qualité pour le tannage.

Section II. — *Chênes à feuilles persistantes.*

IV. Chêne yeuse, connu aussi sous le nom de chêne vert.

Feuilles persistantes jusqu'au commencement de la troisième année, de forme, de contour, de taille très-variables souvent sur un même arbre, vertes et luisantes en dessus, très-densément velues, blanchâtres en dessous chez les arbres adultes, vert pâle et peu velues chez les jeunes. Glands à maturation annuelle, un ou deux ensemble, sessiles ou portés par des pédoncules courts, gros, densément velus, de forme et de taille très-variables, de saveur âpre ou douce, à cupules grises, brièvement et densément velues, légèrement coniques, à écailles petites, triangulaires, apprimées. — Arbre de taille moyenne, à écorce ne fournissant pas de liége; commun dans la France méridionale, remontant dans l'ouest jusqu'à la Loire.

Le chêne yeuse présente une variété connue sous le nom de *chêne Ballote*, elle est surtout caractérisée par ses glands qui sont gros, toujours doux et de saveur agréable; rare en France, elle est très-commune en Algérie.

Taille, port, couvert. — L'yeuse est un arbre de croissance très-lente, atteignant 15 à 18 mètres au plus de hauteur, sur 2-3 mètres de circonférence; sa tige est rarement droite, sa cime est ovale arrondie; son couvert est épais. En France, il est très-souvent à l'état de broussailles. Il acquiert beaucoup plus d'importance en Corse et en Algérie.

Sol. — Il semble préférer les sols calcaires.

Floraison, fructification. — La fructification commence vers 12-15 ans, et persiste fort longtemps, l'essence étant d'une grande longévité. La floraison a lieu au mois d'avril ou de mai, la maturation au mois de septembre de la même année.

Bois. — Le bois est d'une teinte claire uniforme; l'aubier est peu tranché, mais fréquemment le cœur est atteint d'un commencement d'altération qui le colore en brun plus ou moins foncé, souvent presque noir. Les éléments qui composent le bois y sont répartis de telle sorte, que les accroissements annuels y sont peu distincts, et qu'il est souvent fort difficile, à peu près impossible même, de déterminer l'âge de l'arbre en les comptant.

Les rayons médullaires y sont très-nombreux et très-épais; de là, avec un débit convenable, des maillures fort belles et fort rapprochées.

La pesanteur de ce bois est très-forte, elle atteint souvent et dépasse même celle de l'eau, sans jamais tomber au-dessous de 0,900.

Le bois de chêne yeuse peut être employé aux mêmes usages que celui du chêne rouvre; mais il lui est inférieur pour beaucoup d'emplois, à raison de ses faibles dimensions, en France surtout, et de la grande facilité avec laquelle il se déjette, se gerce profondément. C'est un combustible de premier ordre, dont le charbon est excellent.

Produits accessoires. — Les glands, lorsqu'ils sont doux, servent à la nourriture de l'homme; hors de France, en Algérie et en Espagne notamment, la variété Ballote est fréquemment cultivée pour cet usage, et devient presque un arbre fruitier. L'écorce est de première qualité pour le tannage.

V. Chêne liége, connu aussi sous les noms de suro, sioure, surier, alcornoque.

Feuilles persistantes jusqu'à la fin de la deuxième année, quelquefois jusqu'à la troisième, à contour varié, moins cependant que chez le précédent, ovales, oblongues, fermes, coriaces, un peu luisantes en dessus, brièvement et densément velues, grises ou blanchâtres en dessous. Glands à maturation annuelle, au nombre de un ou deux sur de courts pédoncules gris, velus; gros, à demi-enfoncés dans la cupule qui est conique, grise, densément velue, à écailles légèrement saillantes et s'allongeant, de la base au sommet, en lanières assez développées. — Arbre d'assez grande taille, donnant un liége abondant. — Commun sur le littoral de la Méditerranée en France, en Corse et en Algérie.

Taille et port. — Le chêne liége est un arbre trapu, atteignant rarement 20 mètres de hauteur totale sur 4 mètres de circonférence.

Floraison et fructification. — Il commence à donner des glands vers l'âge de 15 ans, puis il en produit chaque année jusqu'à la mort de l'arbre, qui n'arrive qu'à un âge très-avancé. La floraison a lieu au mois d'avril ou de mai, la maturation du commencement d'octobre à la fin de décembre de la même année. Les glands sont très-âpres, non comestibles.

Enracinement. — L'enracinement, d'abord pivotant comme il l'est à l'origine chez toutes les essences forestières, se modifie ensuite suivant les exigences locales, mais il reste toujours très-puissant et permet au végétal de vivre sur les sols les plus rocheux.

Station et sol. — Le chêne liége est une espèce essentiellement méridionale, qui, en France, s'écarte peu des bords immédiats de la Méditerranée, où elle croît sur les coteaux et dans la région basse, jusqu'à 500 mètres d'altitude environ. Il paraît redouter les sols calcaires et préférer ceux qui résultent de la désagrégation des roches schisteuses ou feldspathiques.

Écorce, liége et tannin. — L'écorce du chêne liége présente, comme caractère spécial, le développement considérable que prend la couche constituée par le liége : de là sa grande valeur.

C'est vers cinq ans que ce phénomène commence à se produire; lorsque l'arbre est abandonné à lui-même, la couche de liége ainsi formée persiste sur l'arbre, mais elle se crevasse fortement, ne présente aucune homogénéité et est impropre à tout usage important.

L'enlèvement de ce premier liége qu'on appelle dans la pratique le liége mâle, d'où le nom de démasclage donné à l'opération elle-même, est nécessaire pour obtenir des produits utiles. Portant sur une matière inerte, il est du reste plutôt utile que nuisible à l'arbre, mais il importe de respecter soigneusement ce que les ouvriers appellent la mère du liége, c'est-à-dire la portion externe du liber qui doit engendrer le nouveau liége. Le démasclage peut se pratiquer dès que les arbres mesurent 25 à 30 centimètres de circonférence; il se fait pendant l'été, à partir de la mi-juin. Les levées du liége se font ensuite tous les huit ans, quelquefois à des époques plus rapprochées, lorsque la végétation est très-active. Le démasclage ne s'élève pas à plus de 2 mètres au-dessus du sol. Aux levées suivantes, on l'élève progressivement jusqu'à 1 mètre au-dessus des premières grosses branches. Pour effectuer le démasclage ou les levées productives, après avoir pratiqué une entaille longitudinale et une ou plusieurs transversales, on bat l'écorce pour diminuer l'adhérence du liége à la mère, puis on le détache au moyen du manche taillé en biseau d'une cognée. On l'obtient ainsi sous forme de tronçons cylindriques nommés canons, que l'on redresse après les avoir passés au feu, ou mieux, après les avoir fait bouillir dans l'eau.

Le liége de bonne qualité doit être souple, élastique, homogène, de couleur rougeâtre, ni ligneux, ni poreux. Les deux propriétés essentielles de cette matière étant une grande imperméabilité et une grande légèreté, elle sert non-seulement à confectionner des bouchons, ce qui est son principal emploi, mais aussi une foule d'autres objets qui exigent ces deux qualités, notamment des flotteurs de diverse nature.

L'écorce active, le liber, renferme beaucoup de tannin, mais aujourd'hui la consommation et par suite la valeur du liége sont devenues trop grandes pour que l'on songe à abattre et écorcer de jeunes arbres en vue d'en obtenir des produits propres au tannage.

Bois. — Le bois du chêne liége, fort analogue à celui de l'yeuse, s'en distingue cependant à ce que les accroissements annuels en sont plus nets. Il est plus pesant encore que lui. Pour l'usage, il offre les mêmes inconvénients portés à un degré supérieur, aussi est-il très-peu employé. Il fournit un chauffage et un charbon de premier ordre.

VI. Chêne occidental, connu sous le nom de corsier.

Feuilles persistantes jusqu'à l'entier développement de celles de l'année suivante, elliptiques, ovales, dentées ou un peu épineuses, coriaces, luisantes en dessus, grisâtres, densément velues en dessous. Glands à maturation bisannuelle, de taille et de forme variables, portés par des pédoncules courts sur les rameaux défeuillés de l'année précédente. Cupule hémisphérique, à écailles petites, apprimées. — Arbre de taille médiocre, à écorce produisant du liége; abondant dans le sud-ouest de la France.

Floraison et fructification. — Il fleurit en juin; ses glands sont mûrs au milieu de septembre de l'année suivante.

Station, sol. — Le chêne occidental, confondu longtemps avec le liége, à raison des produits identiques qu'il fournit, le remplace dans le sud-ouest, où il se plaît dans les sables qui avoisinent le littoral de l'Océan, mais il a le tempérament beaucoup moins méridional, on a pu le propager avec succès jusqu'au sud de la Bretagne.

Bois et écorce. — Le chêne occidental fournit du liége complétement semblable à celui du chêne liége. Son bois ressemble aussi beaucoup à celui de cette essence. Cependant il est en général un peu moins lourd.

GENRE II. — **Hêtre.**

Fleurs mâles en chatons globuleux, pendant à l'extrémité de longs pédoncules grêles, naissant à l'aisselle des écailles ou des feuilles de la base des pousses de l'année; chacune d'elles est composée d'une enveloppe florale à cinq divisions, et de 10 à 20 étamines. Les fleurs femelles sont contenues, au nombre de deux, dans une enveloppe divisée en quatre parties hérissées de pointes molles, portée sur un pédoncule dressé, court, solitaire, à l'aisselle de feuilles situées sur la pousse au-dessus des fleurs mâles. Chaque fleur femelle est composée d'un pistil et d'une enveloppe florale adhérente. L'ovaire est à trois loges, surmonté de trois stigmates. Les glands, trigones, sont enveloppés complétement, au nombre de deux, dans une cupule épineuse s'ouvrant en quatre parties. Chacun d'eux renferme une seule graine à cotylédons féculents, huileux, donnant, après la germination, deux expansions vertes assez élevées au-dessus du sol.

Le bois des hêtres est lourd, dur, d'une grande

homogénéité, à aubier peu distinct; les rayons inégaux, les plus gros médiocrement développés, donnent des maillures nombreuses et de dimensions moyennes.

Le genre hêtre renferme, en France, une seule espèce, c'est le :

Hêtre commun, connu aussi sous les noms de fau, foyard.

Il offre les mêmes caractères que le genre. Ses feuilles sont pétiolées, ovales, entières, quelquefois dentées, ciliées. — Grand arbre, commun dans toute la France et en Corse.

Le hêtre commun offre une variété caractérisée par ses rameaux et ramules dirigés vers le sol, sa croissance très-lente et sa faible hauteur; elle est connue sous le nom de *hêtre parasol* et commune surtout dans la forêt de Verzy, près de Reims.

Taille et port. — La longévité du hêtre est bien moins élevée que celle des chênes, elle dépasse rarement 300 à 400 ans. Il parvient très-exceptionnellement à 40 mètres de hauteur totale sur 6 mètres de circonférence. La tige, remarquablement cylindrique, offre souvent dans les futaies une hauteur de 20 mètres sans branches. Quand l'arbre croît à l'état plus ou moins isolé, il se constitue une cime très-ample.

Écorce. — L'écorce du hêtre reste constituée pendant toute la vie de l'arbre par les trois couches normales qui persistent après la chute de l'épiderme ; elles se développent très-peu. Il en résulte que cette essence conserve une écorce très-mince, lisse, caractérisée par une couleur grise qui, du reste, ne lui est point propre, mais provient des nombreuses végétations inférieures qui se développent à sa surface.

Bourgeons, rejets, couvert. — Les bourgeons du hêtre sont très-caractéristiques : ils sont dépourvus de poils, luisants, remarquablement longs et effilés. Ils se développent presque tous immédiatement et les rameaux qui en résultent persistent assez longtemps sous le couvert de ceux qui leur sont supérieurs. Quant à ceux qui ne se développent pas immédiatement, ils conservent leur vitalité peu de temps, 20 ans au plus. La conséquence de ces deux faits est pour l'essence, d'une part un couvert épais, d'autre part une très-faible aptitude à rejeter de souche, et à donner des branches gourmandes pour les arbres réservés sur taillis.

Floraison et fructification. — Le hêtre ne fructifie pas avant 60 ou 80 ans en massif, 40 ou 50 à l'état isolé. Il ne produit de faînées abondantes que tous les 5 à 6 ans; sous des circonstances défavorables, cette période peut s'élever à 10 ans, quelquefois, dans les régions montagneuses, à 15 et 20 ans. Entre ces faînées complètes peuvent s'en produire de partielles, cependant cette essence offre cette particularité remarquable que certaines années sont marquées par une disette absolue de fruits par suite d'une absence de floraison.

Les bourgeons floraux se forment dès le mois d'août; l'obtention d'une faînée résulte donc des conditions climatériques de deux années; ces bourgeons sont faciles à reconnaître : ils sont plus gros et plus courts que ceux qui sont simplement à feuilles. Les fleurs s'épanouissent à la fin d'avril ou au mois de mai; la maturité a lieu à la fin de septembre. La faîne est d'une conservation très-difficile, il vaut mieux, en général, la semer à l'automne. Le kilogramme en contient environ 3,500.

Germination et croissance. — Semée à l'automne, elle germe vers la fin d'avril; l'allongement de la tigelle porte rapidement, à un décimètre de terre environ, les deux cotylédons qui se développent en deux larges feuilles charnues, vertes en dessus, blanches, soyeuses en dessous.

Ce grand développement de la tigelle et des

feuilles cotylédonaires rend le plant très-sensible aux dernières gelées; la grande quantité d'eau qui disparaît par la surface de ces feuilles, et qu'un enracinement généralement faible ne permet pas toujours au végétal de remplacer, le rend également très-sensible à la chaleur; il est donc bon, dans les pépinières, de fortifier l'enracinement par une culture profonde du sol, et d'avoir recours aux abris.

Le jeune plant s'accroît d'abord lentement; à 5 ans, il commence à prendre un fort accroissement en hauteur qui augmente annuellement jusqu'à 40-45 ans, puis décroît tout en restant sensible jusque vers l'âge de 100 ans.

La racine, d'abord franchement pivotante, présente, dès 12 à 15 ans, de fortes racines latérales qui se développent aux dépens du pivot, et sont bientôt remplacées elles-mêmes par d'autres racines qui rendent l'enracinement de plus en plus étendu en superficie. Mais la profondeur n'en dépasse guère 50 centimètres au maximum. Le rapport du volume de la racine totale à celui de la tige et des rameaux est de 1 à 5 environ.

Sol et station. — Le hêtre prospère sur tous les sols, quelle qu'en soit la composition, pourvu qu'ils ne soient point humides : aussi le trouve-t-on rarement dans les plaines basses, il préfère les régions légèrement accidentées ou même montagneuses. Dans le Midi, on ne le trouve même que dans ces dernières, le climat des plaines étant trop chaud pour lui. Dans les montagnes, il atteint et dépasse la limite supérieure du sapin.

Bois; son emploi. — Tout ce que nous avons dit plus haut du bois des hêtres en général, est entièrement applicable à celui du hêtre commun. La densité en est assez élevée, mais très-variable, 0,700 à 0,900, sans qu'on puisse déterminer exactement à quoi tiennent ces différences.

Le bois du hêtre commun présente l'avantage d'être dur et de se bien polir; mais il manque d'élasticité, est sujet à se tourmenter, à se gercer, à pourrir sous les alternatives d'humidité et de sécheresse, à être attaqué par les insectes. Aussi n'est-ce pas un bois de grande construction, mais il est bon pour la fente et le travail. On en débite une quantité considérable en menus objets. On en fait aussi maintenant beaucoup de plateaux pour la menuiserie et l'ébénisterie, et depuis qu'on a de bons procédés d'injection, des traverses de chemin de fer. Ce dernier emploi tend à prendre beaucoup d'importance.

Le bois de hêtre est un combustible de premier ordre, il dégage beaucoup de chaleur, brûle facilement, avec flamme; son charbon reste incandescent jusqu'à complète combustion.

Il donne un charbon fort estimé.

Emploi des faînes. — Dans les pays où le hêtre est commun on extrait de la faîne une huile comestible ou d'éclairage qui devient un objet de consommation de quelque importance. L'amande, débarrassée de ses enveloppes en contient 15 à 17 p. $^{0}/_{0}$ de son poids.

GENRE III. — Charme.

Fleurs mâles en chatons, solitaires, cylindriques, sessiles, pendants, naissant des bourgeons axillaires, rarement du bourgeon terminal de la pousse de l'année précédente; chacune d'elles est composée d'une écaille et de 10 à 16 étamines. Fleurs femelles en chatons lâches, formant le prolongement et la terminaison des pousses latérales ou terminales; elles sont disposées sur le chaton par deux, à l'aisselle d'une écaille. Chacune d'elles est formée d'une bractée, d'une enveloppe florale adhérente à l'ovaire et d'un pistil. Celui-ci, constitué par un ovaire à deux loges, est surmonté par deux styles allongés et rouges. Les glands sont disposés en chatons lâches; chacun d'eux est contenu dans une grande cupule foliacée, offre une surface relevée de côtes et renferme une seule graine. Celle-ci a des cotylédons féculents, huileux, qui, après la germination, sortent de terre et se développent en expansions foliacées.

Le bois est dur, lourd, compacte, très-homogène, entièrement blanc, sans distinction nette d'aubier; les accroissements, qui sont flexueux, sont souvent difficiles à compter.

Le genre charme renferme, en France, une seule espèce, c'est le :

Charme commun, connu aussi sous le nom de charmille.

Il offre les caractères du genre. Les feuilles sont pétiolées, ovales, oblongues, dentées, peu luisantes, glabres et vertes. — Arbre de taille moyenne, très-abondant dans le Nord et l'Est de la France.

Taille, port, couvert. — Le charme atteint et dépasse rarement 20 mètres d'élévation sur $1^{m},30$ de diamètre; sa tige, qui est droite, est toujours plus ou moins relevée de côtes très-caractéristiques; le fût a peu de hauteur; les branches sont nombreuses, longues et grêles, assez redressées, aussi l'arbre a-t-il une cîme ovoïde pointue. Le couvert en est assez épais quoique inférieur à celui du hêtre.

Écorce. — Son écorce présente une constitution fort analogue à celle du hêtre, aussi reste-t-elle mince, vive et lisse.

Bourgeons et rejets. — Les bourgeons sont petits, oblongs et pointus, plus petits et un peu moins effilés que ceux du hêtre. Très-souvent il s'en présente deux superposés à l'aisselle d'une même feuille; celui qui est situé entre le bourgeon normal et la feuille ne se développe pas habituellement en même temps que celui-ci, il reste à l'état dormant.

Les bourgeons normaux et anormaux qui, chez cette essence, ne se développent pas, gardent leur vitalité très-longtemps, jusqu'à 80 ans environ, et restent susceptibles d'un vigoureux développement, les circonstances leur devenant favorables. C'est à cela que tient la grande facilité avec laquelle le charme repousse de souche.

Enracinement. — L'enracinement de cette essence est variable, il dépasse rarement $0^{m},50$ de profondeur et devient rapidement plutôt traçant que pivotant. Le bois de souche et de racines équivaut à 20-24 p. $^{0}/_{0}$ du volume de la tige et des rameaux.

Station et sol. — Le charme croît sur tous les sols, quelle que soit leur composition. Il évite les terrains marécageux, mais se contente de sols beaucoup plus humides que le hêtre et il y croît vigoureusement ; il habite la plaine, surtout les pays de coteaux et s'élève peu dans la montagne, où il est loin d'atteindre l'altitude du hêtre.

Floraison, fructification. — Le charme commence à produire des fruits fertiles à 20 ans et même au-dessous ; les années de semence sont très-répétées, et les fruits se montrent en quantités énormes, mais, dans l'intervalle de deux années fécondes, il y en a absence complète ou à peu près. Il fleurit au mois d'avril et la maturité a lieu au mois d'octobre.

Germination, croissance. — Un kilogramme de glands de charme dépourvus de leur involucre, en renferme 25,000 à 30,000. Ils ne germent habituellement que la seconde année après la dissémination, qu'ils aient été semés à l'automne ou au printemps. Le jeune charme présente deux feuilles cotylédonaires, ovales, entières ; il croît lentement pendant les premières années et, pendant toute sa vie, il reste fort en dessous de l'accroissement des essences supérieures, le hêtre notamment ; il n'en joue pas moins un rôle important dans certaines forêts comme essence auxiliaire.

Bois; ses usages. — Le bois du charme commun présente les caractères que nous avons donnés plus haut pour celui du genre. Sa pesanteur est considérable, elle ne descend guère au-dessous de 0,750 et peut dépasser 0,900. On ne l'emploie pas dans les constructions à cause de ses faibles dimensions et de son peu de durée, mais il est précieux pour les emplois qui demandent de l'homogénéité et de la dureté : fabrication d'outils, de pièces de machines par exemple. C'est un combustible de premier ordre, à raison du calorique qu'il dégage et de sa combustion facile et agréable.

FAMILLE II.

Bétulacées.

Fleurs à enveloppe simple, écailleuse. Floraison monoïque, en chaton pour les deux sexes. Chatons mâles cylindriques, denses, pendants. Chatons femelles ovoïdes et denses, produisant un cône dont les écailles caduques ou persistantes supportent, à leur face interne, deux à trois fruits (samares) à une seule graine, secs, ne s'ouvrant pas, ailés sur les côtés. — Arbres à feuilles simples, alternes, caduques, à nervation pennée. Font partie de cette famille les genres bouleau et aune, que nous étudierons l'un et l'autre.

Cône à écailles caduques, avec les graines recouvrant trois petites samares . . . . . . *Bouleau.*

Cône à écailles persistantes après la chute des feuilles, recouvrant deux petites samares . . . . *Aune.*

GENRE I. — **Bouleau.**

Chatons mâles cylindriques, pendants, formés dès l'automne précédent, sortant de bourgeons terminaux, non feuillés à la base. Chaque fleur composée d'une enveloppe florale et de deux étamines. Chatons femelles cylindriques, grêles, dressés, paraissant avec les feuilles, solitaires et terminant de courtes pousses latérales, feuillées à la base ; chaque fleur, dépourvue d'enveloppe florale, se compose d'un ovaire surmonté de deux longs styles filiformes. Le cône est à écailles minces, caduques avec les fruits, qui sont de petites samares, au nombre de trois, à l'aisselle de chacune d'elles.

Le bois des bouleaux est homogène, blanc, demi-lourd.

Le genre bouleau renferme plusieurs espèces, dont quatre sont indigènes en France. Nous nous bornerons à l'étude de la plus importante, le bouleau blanc. Tout ce que nous en dirons s'appliquera, du reste, à peu de chose près, à une autre espèce fort commune aussi, qui en est très-voisine, si même elle n'en est une simple race, le *bouleau pubescent*, qui se reconnaît à ses feuilles et à ses jeunes pousses fortement velues et qui croît de préférence dans les endroits très-humides, tourbeux même.

Bouleau blanc, connu aussi sous le nom de bouleau verruqueux.

Les feuilles, de forme un peu variable, sont longuement acuminées au sommet, à contour plus ou moins anguleux, d'un vert un peu luisant, glabres. Jeunes pousses verruqueuses, rudes au toucher. Cône pendant, à écailles à trois divisions. Fruit bordé d'une aile deux à trois fois plus large que lui. — Arbre assez élevé, à écorce lisse blanche. Commun sur les sols sablonneux, en plaine ou en montagne, dans le nord, l'est et l'ouest de la France, en montagne dans le midi.

Taille, port. — Le bouleau blanc est un arbre de deuxième grandeur, supportant mal l'état de massif complet; aussi s'éclaircit-il de bonne heure, ce qui lui conserve un port très-uniforme et caractéristique. Sa tige circulaire, assez grêle, se dénude jusqu'à 10 mètres au plus, puis se continue sur toute la hauteur de l'arbre, qui atteint rarement plus de 18 mètres. La ramification se compose de branches longues et grêles, d'abord ascendantes, puis retombant habituellement sous leur propre poids, ainsi que les rameaux et ramules qu'elles portent. Aussi le bouleau a-t-il un port très-gracieux et est-il toujours plus ou moins pleureur.

Écorce. — L'écorce du bouleau reste, pendant toute la vie du végétal, composée des trois couches normales que nous avons déjà constatées chez le chêne-liége, le hêtre, le charme; mais la couche de liége subit ici des modifications spéciales dans sa structure et sa consistance, desquelles il résulte que l'écorce, d'abord brune et lisse jusque vers 5 ou 8 ans, devient blanche et s'exfolie jusqu'à 15 ou 20 ans, époque à laquelle cet état de choses persistant pour la partie supérieure de la tige, il se développe au pied de l'arbre une écorce très-épaisse, très-gerçurée. Ces diverses modifications sont très-caractéristiques.

Enracinement. — L'enracinement est faible. Le pivot cesse rapidement de s'enfoncer et de s'accroître. Les racines latérales deviennent nombreuses et généralement traçantes, sauf une ou deux. Le volume du bois de racine est de 13-20 p. °/₀ du volume total.

Bourgeons et rejets. — Les bourgeons sont courts, ovoïdes, recouverts d'un petit nombre d'écailles et enduits d'une excrétion cireuse. Lorsqu'ils ne se développent pas immédiatement, ils périssent de bonne heure. Aussi cette essence est-elle médiocrement apte à repousser de souche. Les rejets proviennent principalement de bourgeons qui se forment sur la partie souterraine de la souche.

Feuillage et couvert. — Le feuillage du bouleau est abondant ; mais les feuilles sont disposées de telle sorte sur l'arbre, qu'au lieu de présenter leur surface à la lumière, elles lui offrent la tranche et la laissent ainsi très-facilement passer. Aussi le couvert du bouleau est-il remarquablement léger. Ses feuilles, lorsqu'elles sont tombées sur le sol, s'y décomposent très-facilement.

Floraison et fructification. — Le bouleau isolé fructifie dès l'âge de 10 ans ; en massif, vers 20 ans ; plus tôt, s'il provient d'un rejet de souche. Les fruits se montrent presque chaque année. La floraison a lieu au mois d'avril ou de mai, la maturité et la dissémination de la fin de juin au mois de novembre, suivant le climat et l'année. Les semences de bouleau ne peuvent être dégagées des écailles qui se détachent avec elles du chaton. C'est un fait qu'il est important de se rappeler lorsqu'on en sème. Le kilogramme renferme 1,987,000 samares. Ces fruits, qui sont très-légers, se disséminent avec une extrême facilité.

Germination. — Un tiers ou un quart de cette semence est susceptible de germer. Elle se conserve très-difficilement jusqu'au printemps; aussi est-il préférable de la semer immédiatement après la récolte. Le jeune plant sort de terre avec deux feuilles cotylédonaires; il est d'abord très-grêle, mais il prend déjà beaucoup de force à la fin de la première année, et la seconde ou la troisième, au plus tard, sa végétation devient très-active.

Station et sol. — Le bouleau blanc recherche le sols légers, sablonneux et frais. Aussi croît-il dans les plaines et les montagnes du nord de la France, tandis que, dans le midi, il fuit les plaines trop sèches pour lui. Il est remplacé dans les montagnes élevées et dans les régions marécageuses par le bouleau pubescent.

Bois; ses usages. — Le bois du bouleau blanc présente les caractères que nous avons énumérés plus haut pour le genre; il devient quelquefois rougeâtre. Il est d'une pesanteur moyenne, ne descendant guère au-dessous de 0,520, pouvant s'élever à 0,770, et en moyenne de 0,620. Ce bois, exposé à l'air, se pourrit rapidement; il sert à la menuiserie, au tour, quelquefois à l'ébénisterie, lorsqu'il présente des accidents de croissance. On l'emploie beaucoup pour faire des échelles, des sabots, des cercles, des harts. Ses jeunes rameaux servent à faire des balais.

C'est un assez bon combustible, qui brûle rapidement, avec une flamme claire et vive, ce qui le fait rechercher pour certaines industries : boulangeries,verreries, etc. Son charbon est de bonne qualité.

Produits accessoires. — L'écorce de bouleau est recherchée, à cause de sa flexibilité et de son imperméabilité, pour certains menus ouvrages, tels que des tabatières, des semelles.

On extrait des feuilles une matière colorante, connue sous le nom de styl de grain.

GENRE II. — **Aune.**

Chatons mâles cylindriques, denses, pendants ou dressés. Chaque fleur composée d'une enveloppe florale à quatre divisions et de quatre étamines. Chatons femelles dressés. Chaque fleur, dépourvue d'enveloppe florale, se compose d'un ovaire à deux loges, surmonté de deux longs styles filiformes. Cône ovoïde, à écailles presque ligneuses, persistantes, portant à leur face interne des fruits qui sont de petites samares. Ce sont des arbres à feuilles simples, alternes, caduques, à jeunes pousses triangulaires, à bourgeons recouverts seulement de deux ou trois écailles. Le bois est demi-lourd, homogène, rougeâtre.

Parmi les espèces assez nombreuses qui se trouvent en France, nous étudierons seulement les deux plus importantes, l'aune blanc et l'aune commun. Nous mentionnerons toutefois ici, à cause de son extrême abondance dans certaines régions très-élevées des Alpes, l'*aune vert*, qui, du reste, n'est, à vrai dire, qu'un arbrisseau.

Feuilles tronquées et même échancrées au sommet, vertes sur les deux faces. *Aune commun.*

Feuilles pointues, blanchâtres en dessous . . . . *Aune blanc.*

I. Aune commun, connu aussi sous le nom d'aune glutineux, de vergne.

Feuilles plus ou moins visqueuses, pétiolées, ovales, souvent presque rondes, tronquées et le plus souvent échancrées au sommet, à bords entiers sur le tiers inférieur, irrégulièrement dentées sur le reste du pourtour; le dessus est d'un vert foncé luisant; le dessous est plus clair et garni aux aisselles des nervures de faisceaux de poils roux. Les bourgeons sont gros, ovoïdes, recouverts de deux à trois écailles, visqueux et reposent sur le rameau au moyen d'un petit support. Le cône est brun noirâtre. La samare a une aile plus étroite que la graine. — Arbre de taille généralement moyenne, commun dans toute la France, au bord des eaux et dans les forêts humides.

Taille, port. — L'aune commun étant habituellement cultivé en taillis, il est rare de le trouver à l'état d'arbre arrivé à toute sa croissance. Ceux que l'on rencontre sont de taille moyenne; il peut cependant atteindre exceptionnellement 30 à 33 mètres sur $1^{m}50$ à 3 mètres de circonférence. Sa ramification est variable, mais assez abondante. En taillis, ses rejets sont vigoureux, droits et très-élevés.

Écorce. — L'écorce, d'abord d'un vert olive, mince et lisse jusqu'à 15 ou 20 ans, devient ensuite plus épaisse, se gerçure et se divise en plaques larges, aplaties, d'un brun noirâtre.

Enracinement. — L'enracinement de l'aune est

très-variable, d'autant plus traçant que le sol est plus humide. Le volume total du bois de racines s'élève à peine à 12-15 p. °/₀ du volume total.

Bourgeons, rejets. — Les bourgeons de l'aune sont très-caractéristiques. Ils sont portés sur un petit rameau raccourci. Il repousse bien de souche de bourgeons qui se trouvent près de la surface du sol ou un peu en dessous.

Feuillage et couvert. — L'aune commun produit très-peu de feuilles; cependant, comme elles sont larges, bien réparties et bien disposées, le couvert est, quoique léger, plus fort que celui du bouleau.

Floraison et fructification. — A l'état isolé, l'aune commun fructifie vers 15 à 20 ans, plus tard en massif; il donne des fruits presque chaque année, en plus ou moins grande abondance. Il fleurit de très-bonne heure, au mois de février ou de mars; la maturité a lieu de la fin de septembre à la mi-octobre; elle est quelquefois suivie de la dissémination qui, plus habituellement, se fait au premier printemps. Le kilogramme contient 1,270,000 semences, sur lesquelles 60 à 70 p. °/₀ sont bonnes lorsqu'on n'a pas employé la chaleur artificielle pour les faire sortir du cône:

dans ce dernier cas, on ne peut guère compter sur plus de 30 à 40 p. %. La graine peut conserver sa vitalité trois années et plus; cependant il est préférable de semer les fruits au printemps qui suit la maturité.

Station, sol. — L'aune commun se rencontre abondamment en plaine ou dans les montagnes peu élevées, au bord des cours d'eau, sur les sols humides ; il prospère médiocrement, toutefois, sur les sols complétement marécageux, où l'eau séjourne une grande partie de l'année.

Bois; ses usages. — Le bois de l'aune commun présente les caractères que nous avons indiqués plus haut pour le genre. Son poids est moyen : il tombe peu au-dessous de 0,450, mais ne s'élève guère au-dessus de 0,650, et cela seulement dans les régions chaudes. Employé à l'air, il pourrit très-rapidement; à couvert, il peut donner de la menue charpente; sous l'eau, il se conserve à peu près indéfiniment; aussi est-il recherché pour les pilotis et tous les travaux hydrauliques. On s'en sert aussi pour fabriquer divers menus objets, tels que des sabots. Indépendamment de son peu de dureté, il a pour défauts d'être cassant, de se gercer et de se tourmenter beaucoup.

Le bois d'aune, comme celui de bouleau, brûle

vite et avec un grand dégagement de chaleur; aussi, comme combustible, est-il recherché pour les mêmes usages. Il ne le vaut pas cependant, non plus que comme bois à charbon.

Produits accessoires. — On utilise l'écorce d'aune, dans certaines industries, pour en obtenir, en la mélangeant avec un sel de fer, une teinture noire.

II. Aune blanc. — Feuilles ovales aiguës, dentées en scie; dessus de la feuille d'abord pubescent, puis glabre, d'un vert foncé peu ou point brillant; dessous densément velu, gris blanchâtre, ainsi que les jeunes pousses. Cône brun, fruit à aile presque aussi large que la graine. Arbre à écorce lisse, d'un gris argenté jusqu'à un âge avancé. Commun en France dans certaines régions montagneuses et le long des cours d'eau qui en descendent.

Taille, port, mode de végétation. — L'aune blanc rappelle par son port l'aune commun, mais il n'atteint pas d'aussi fortes dimensions que lui; il drageonne abondamment sans même être exploité, il se marcotte et se bouture très-aisément; toutes ces propriétés en font un arbre précieux pour consolider les terres dans les lieux où il croît spontanément.

Floraison et fructification. — La floraison est précoce et continue; elle a lieu en février ou mars, la maturité en septembre ou octobre, la semence se dissémine immédiatement ou au printemps.

Station et sol. — L'aune blanc est un arbre des régions montagneuses élevées, des Alpes spécialement; il en est descendu le long des cours d'eaux qui en proviennent, du Rhin notamment, mais sans s'écarter beaucoup de leurs bords. Comme son congénère et plus que lui, il redoute les terrains marécageux tout en aimant les sols frais.

Bois. — Son bois ressemble beaucoup à celui de l'aune commun; cependant il est moins cassant, plus dur, plus tenace, et il lui est préféré comme bois de feu et comme bois d'œuvre.

FAMILLE III.

Salicinées.

Floraison dioïque, en chatons pour les deux sexes; chatons cylindriques ou ovoïdes, solitaires, composés d'écailles à l'aisselle desquelles se trouvent les fleurs, à enveloppe florale très-réduite, renfermant deux à trente étamines, ou un ovaire uniloculaire. Le fruit est une capsule petite se divisant en deux ou quatre valves, et renfermant un très-grand nombre de très-petites graines munies de longs poils soyeux. — Arbres ou arbrisseaux à feuilles caduques, simples, alternes, à végétation rapide, produisant des bois mous et légers. Font partie de cette famille, les genres peuplier et saule que nous étudierons l'un et l'autre.

Chatons pendants, à écailles dentées; bourgeons revêtus d'un grand nombre d'écailles. . . . . *Peuplier.*

Chatons dressés, à écailles entières, bourgeons paraissant revêtus d'une seule écaille . . . . *Saule.*

GENRE I. — **Peuplier.**

Chatons solitaires provenant de bourgeons latéraux ou terminaux, paraissant avant les feuilles, finalement pendants; écailles profondément dentées; enveloppe florale très-réduite, en forme de cornet; 8 à 30 étamines, ou un ovaire à 2 ou 4 stigmates; capsules à 2 ou 4 valves renfermant de nombreuses graines. — Arbres ordinairement de grande taille, à feuilles peu allongées, à bourgeons revêtus d'un grand nombre d'écailles.

Bois homogène, tendre, blanc ou rougeâtre.

Le genre peuplier renferme plusieurs espèces indigènes en France; en outre, on en a introduit un assez grand nombre de l'Amérique du Nord. Parmi elles, quelques-unes sont fort communes dans nos cultures. Nous nous bornerons à l'étude des trois espèces indigènes les plus remarquables par leurs dimensions ou leur abondance.

Feuilles vertes sur les deux faces; bourgeons glabres et visqueux . . . . *Peuplier noir.*

Feuilles vertes sur les deux faces; bourgeons visqueux et poilus. . . . . *Peuplier tremble.*

Feuilles blanches en dessous; bourgeons secs et poilus. *Peuplier blanc.*

I. Peuplier noir, connu aussi sous les noms de peuplier franc, léard, liardier, bouillard.

Feuilles un peu plus longues que larges, triangulaires, à base variable, régulièrement dentées, entièrement glabres, vertes et luisantes. Chatons cylindriques; deux stigmates divisés. — Grand arbre à écorce gerçurée. En France on le trouve sur les terrains légers et humides, au bord des grands cours d'eau, croissant spontanément; il est en outre fréquemment planté.

Taille, port. — Le peuplier noir est un grand

arbre atteignant au moins 20 ou 25 mètres de hauteur totale. Il a $2^m,10$ et plus de circonférence, il possède une cime très-ample, formée de nombreuses branches; son couvert est assez complet; il drageonne abondamment, se bouture facilement. Il se garnit de nombreuses branches gourmandes. Aussi le cultive-t-on en têtards ou arbre d'émonde.

Floraison et fructification. — Il commence à fleurir à un âge peu avancé et donne régulièrement des semences; il fleurit au mois de mars ou d'avril, et fructifie en mai.

Bois; ses usages. — Le bois du peuplier noir est mou, blanc, d'un gris brun au cœur. Il est peu estimé pour le travail, on en fait cependant des planches et de la charpente, mais on lui préfère le peuplier blanc et quelques espèces américaines; les émondages auxquels on le soumet lui enlèvent souvent de sa qualité. C'est un combustible très-médiocre.

Près du peuplier noir on peut ranger le *peuplier pyramidal* ou *d'Italie* qui s'en distingue surtout par la direction redressée des rameaux. Il est très-fréquemment cultivé, et son bois est encore plus médiocre que celui du peuplier noir.

II. Peuplier tremble. — Feuilles à pétiole long, grêle, aplati perpendiculairement au limbe, ce qui entraîne le mouvement presque continuel et caractérisque de cet organe; elles sont presque circulaires, fortement sinuées, dentées, mollement velues dans la jeunesse, glabres, vertes, non luisantes, et à peu près de la même couleur sur les deux faces, plus tard; celles des jeunes rejets, souvent beaucoup plus grandes, à pétiole court, cordiformes, allongées, fortement velues, surtout dessous. Chatons cylindriques, à écailles profondément découpées, longuement velues; fleurs mâles à 8 étamines. — Arbre de taille moyenne, très-commun dans presque toute la France.

Taille, port. — Le tremble ne dépasse guère 23 à 27 mètres de hauteur et $1^m,50$ de circonférence. Sa tige reste longtemps couverte d'une écorce lisse et vive, de couleur grise, verdâtre, qui finit cependant par présenter des portions rudes et noirâtres. Sa cime est peu étendue et peu fournie.

Couvert. — Cette faible ramification, jointe à la disposition de son feuillage, fait qu'il n'a qu'un couvert léger. Il n'en est pas moins fort redoutable, pendant sa jeunesse, pour les bois durs qui croissent en mélange avec lui. Mais cela tient à son extrême abondance et à la grande rapidité de sa croissance.

Floraison, fructification. — Le tremble commence à fructifier lorsqu'il est encore très-jeune, et il donne ensuite des fruits presque chaque année. Il fleurit au mois de mars ou d'avril; la maturité a lieu au mois de mai. Ses graines sont en nombre immense, mais elles sont de qualité médiocre, et de plus il faut, pour qu'elles germent, quelles trouvent des conditions favorables immédiatement après leur dissémination.

Drageons. — Aussi ne paraissent-elles pas jouer le principal rôle dans la propagation de l'espèce. Ce rôle semble dévolu aux racines qui sont traçantes et drageonnent abondamment. Les bourgeons qui se produisent sur les racines sont souvent agglomérés sur certains points, et lorsqu'ils ne se développent pas immédiatement, ces portions de racines et par suite les bourgeons qu'elles portent, peuvent garder longtemps leur vitalité, même après l'exploitation de l'arbre. Si les circonstances deviennent favorables à leur développement, c'est-à-dire si la chaleur et la lumière solaires arrivent au sol, ils donnent de nombreux drageons, très-vigoureux d'abord, mais dont la vitalité s'épuise vite.

Station, sol. — Le tremble vient sur tous les sols, à toutes les altitudes; toutefois, il est surtout abondant et atteint les plus belles dimensions aux faibles altitudes et sur les meilleurs sols, à tel point que, dans certaines forêts, son abondance et sa vigueur dans un canton, sont un indice presque sûr de la qualité du terrain.

Bois; ses usages. — Le bois du tremble est homogène, tendre et blanc, se tachant quelquefois dans ses dernières années de noir bleuâtre. Il est rare qu'on lui laisse atteindre des dimensions suffisantes pour en obtenir du bois d'œuvre. Dans ce cas, on en fait de la menue charpente et de la planche. Comme bois de chauffage, c'est le meilleur que l'on connaisse parmi les peupliers, mais comparé à celui d'autres essences, il est de qualité inférieure. Il est employé dans les boulangeries, où on lui préfère cependant d'autres bois, tels que celui de bouleau.

Son charbon est très-médiocre.

III. Peuplier blanc, connu aussi sous les noms de blanc de Hollande, ypréau.

Feuilles ovales, presque rondes, anguleuses, d'un vert foncé en dessus, très-blanches, tomenteuses en dessous. Chatons mâles cylindriques, à écailles divisées peu profondément, velues, 8 étamines; chatons femelles grêles, à écailles dentées, velues; capsule ovoïde, glabre, à stigmates allongés, linéaires, présentant chacun deux divisions. — Grand arbre à écorce lisse, unie, grise ou gris verdâtre, finissant par se crevasser comme celle du tremble. Dans quelques forêts de la France, surtout dans le nord et au bord du Rhin, très-souvent planté.

Taille, port. — Le peuplier blanc est un grand arbre, à végétation rapide, qui peut atteindre, à 40 ans, 26 à 33 mètres de hauteur, et 50 à 60 centimètres de diamètre. Lorsqu'on le laisse vieillir, il peut atteindre $1^{m},50$ à 2 mètres de diamètre. Sa tige est droite, cylindrique et supporte une cime ample et assez fournie.

Feuillage, couvert. — La feuille remarquable par sa blancheur et le duvet auquel elle est due, les perd quelquefois lorsque l'arbre vieillit; elles peuvent être divisées comme celle des érables sur les pousses très-vigoureuses. Elles sont nombreuses, aussi le couvert de cette essence est-il assez complet.

Floraison, fructification, reproduction. — Le peuplier blanc fleurit au mois de mars ou d'avril; la graine mûrit dans le courant de mai. Sa fécondité est précoce, régulière et annuelle. Ses graines, qui sont produites en nombre immense, sont, comme celles du tremble, de qualité médiocre et trouvent difficilement les conditions nécessaires pour leur germination. Le jeune plant, d'abord très-petit, s'accroît rapidement dès la seconde moitié de la première année. Au reste, on recourt rarement au semis pour le propager ; il se multiplie, avec la plus grande facilité, de boutures et de plançons. De plus, ses longues racines traçantes sont drageonnantes.

Bois ; ses usages. — Le bois du peuplier blanc est léger, tendre, très-homogène, blanc, légèrement brunâtre au cœur. Grâce à ses dimensions remarquables et au peu de défauts qu'il présente c'est le plus recherché parmi ceux des peupliers. On l'emploie en charpente, en planches pour la menuiserie, l'ébénisterie (intérieurs de meubles), la confection des voitures, le tour, etc. Il est trop rare dans les forêts pour que ce soit un combustible usuel. La consommation le tire des arbres plantés en lignes dans les avenues, les prés, etc., beaucoup plus que des forêts.

GENRE II. — Saule.

Chatons cylindriques ou ovoïdes, redressés, paraissant avant ou avec les feuilles ; écailles à bords entiers; à leur aisselle une petite glande et, suivant le sexe du sujet, 2, 3, 5 étamines ou un ovaire surmonté d'un style et de deux stigmates. — Arbrisseaux ou arbres à feuilles généralement allongées, à bourgeons revêtus de deux écailles soudées entre elles, ce qui leur donne l'apparence d'une seule.

Bois mou, poreux, léger, homogène, blanc ou rougeâtre.

Le genre saule renferme en France un très-grand nombre d'espèces; mais la plupart sont de petite taille, ne viennent spontanément qu'au bord des eaux ou sont cultivées comme osiers, têtards; ce ne sont donc pas de véritables essences forestières. Nous nous bornerons à l'histoire des deux espèces qui ont, en forêt, le plus d'importance, à raison de leurs grandes dimensions ou de leur extrême abondance. Ce sont le saule blanc et le saule marceau.

Feuilles moitié aussi larges que longues, vertes en dessus, vert blanchâtre en dessous. . . . . . . *Saule marceau.*

Feuilles beaucoup plus longues que larges, à reflets blancs, soyeux, surtout en-dessous. . . . . *Saule blanc.*

Saule marceau, connu aussi sous les noms de marsault, marsaule.

Feuilles de forme assez variable, généralement ovales, deux fois aussi longues que larges, à pointe oblique, plus ou moins velues, soyeuses à l'origine, finalement vertes, glabres et luisantes en dessus, toujours glauques et grises et plus ou moins velues en dessous, avec veines et veinules très-saillantes; jeunes rameaux nullement ou, au plus, très-faiblement velus; bourgeons non velus; chatons gros, à écailles longuement barbues. — Arbrisseau et arbre très-commun dans toute la France.

Taille, port. — Le saule marceau a une aible longévité ; il atteint au plus 10 à 12 mètres de hauteur sur un mètre de circonférence. Son écorce est grise, verdâtre, gerçurée à la fin de sa vie.

Floraison, fructification. — Il fleurit en mars ou avril ; les fruits sont mûrs et les graines, très-nombreuses, se disséminent au mois de mai. La fécondité en est très-précoce et annuelle.

Station et sol. — Le saule marceau croît dans toute la France, à toutes les altitudes, sur tous les sols, des plus frais aux plus secs. Dans les endroits marécageux, il est, toutefois, remplacé en général par une espèce très-voisine, *le saule cendré*.

Son extrême abondance et la rapidité de sa croissance en font en même temps que l'espèce la plus importante du genre au point de vue forestier, une essence des plus gênantes, à cause du dommage qu'elle porte aux jeunes peuplements d'espèces plus précieuses. Elle constitue, avec le tremble, la presque totalité des bois blancs que les nettoiements doivent faire disparaître.

Bois; ses usages. — Le bois du saule marceau est rougeâtre ; c'est le plus lourd et l'un des meilleurs de ceux du genre. Mais ses petites dimensions l'excluent de tous les grands emplois. On en fait des échalas, des perches pour la culture du houblon ; il convient pour ces emplois, car il résiste assez bien à l'action des agents atmosphériques.

C'est un combustible médiocre, qui convient cependant pour la boulangerie.

II. Saule blanc. — Feuilles très-allongées, très-pointues, plus ou moins blanches, soyeuses sur les deux faces, mais surtout sur l'inférieure, 5 à 6 fois aussi longues que larges, peu coriaces.— Chatons pédonculés et bien feuillés à la base, cylindriques, à écailles velues. Les mâles présentent deux étamines à l'aisselle de l'écaille. — Ovaires surmontés d'un style court et de stigmates épais.

Taille, port. — Le saule blanc est l'espèce la plus remarquable du genre, à raison de ses grandes dimensions : 25 mètres de hauteur sur un mètre de diamètre. Son fût dénudé est recouvert d'une écorce qui rappelle celle des vieux chênes; sa ramification se compose de branches, rameaux et ramules, ces derniers grêles et droits.

Station et sol. — On ne le rencontre, à l'état spontané, que disséminé dans les forêts à sol fertile et humide; mais c'est une des espèces les plus fréquemment cultivées, soit comme têtards, soit comme osiers, et à juste titre, car il donne des produits abondants et de qualité supérieure.

Bois. — Le bois du saule blanc est d'un joli rouge, tendre, uniforme, peu pesant (0,400 à 0,500, rarement un peu plus). Son grain, assez fin, homogène, le fait rechercher pour plusieurs emplois : sculpture, où on lui préfère cependant le tilleul; volige. C'est un combustible médiocre, dégageant rapidement sa chaleur, comme tous les bois de structure et de poids analogues.

FAMILLE IV.

Oléacées.

Fleurs régulières, polygames, dépourvues d'enveloppe florale; deux étamines. Ovaire à deux loges, surmonté d'un style court. Arbres à feuilles composées et opposées.

Les caractères que nous donnons ici pour la famille des oléacées s'appliquent à la seule espèce de ce groupe que nous étudierons, le frêne commun. Il faudrait y ajouter, si nous faisions l'histoire complète de la famille, qui, pour la France même, renferme, outre le genre frêne, les lilas, les troënes, les oliviers, les philarias. Nous les négligerons, à cause de leurs faibles dimensions ou de leur peu d'abondance dans les forêts de la mère patrie.

GENRE UNIQUE. — **Frêne.**

Mêmes caractères que ceux de la famille. — Le genre frêne, en France, renferme quatre espèces. Nous ferons l'histoire du seul frêne commun, les trois autres étant confinés dans les régions méridionales, où ils sont peu abondants.

Frêne commun. — Feuilles de 9 à 13 folioles disposées par paires avec une impaire à l'extrémité de la feuille. Chacune d'elles ovale, allongée, pointue, glabre et verte en dessus, plus pâle et légèrement velue en dessous. Fleurs groupées paraissant avant les feuilles. Les fruits sont des samares pendantes, allongées, arrondies à la base, échancrées à l'extrémité. — Grands arbres à gros bourgeons opposés, d'un noir velouté. Commun en France.

Taille, port, couvert. — Le frêne est un grand arbre qui peut atteindre, quoique rarement, 35 mètres de hauteur et 3 mètres de circonférence. En forêt sa tige, droite, cylindrique, longuement dénudée, porte une cime formée d'un petit nombre de branches, d'abord pyramidale, puis arrondie. Les ramules, robustes, dressés, portent une petite quantité de feuilles, ce qui, joint à la ramification peu fournie de l'espèce, lui donne un faible couvert.

Écorce. — L'écorce, d'abord lisse et d'un gris verdâtre ou jaunâtre, finit par se gercer et par présenter, à la suite de modifications analogues à celles décrites ci-dessus pour le chêne pédonculé, un aspect semblable à celui de l'écorce de cette essence, mais elle est plus régulièrement cannelée.

Enracinement. — L'enracinement est puissant, constitué par une racine principale et quelques racines latérales très-développées en longueur et en grosseur. Il forme 14 ou 15 p. % du volume total.

Floraison et fructification. — Le frêne donne des fruits d'une façon intermittente; ceux-ci manquent souvent totalement après une année très-productive. La floraison a lieu au mois d'avril ou de mai. On trouve des pieds mâles, des pieds femelles et des pieds hermaphrodites. La maturité a lieu au mois de septembre ; la dissémination, habituellement au printemps suivant. Le kilogramme renferme 13,000 à 15,000 graines.

Germination. — Elles ne lèvent habituellement que le second printemps après leur maturité.

Le jeune plant sort de terre avec deux feuilles cotylédonaires, entières, allongées ; il pivote fortement pendant les premières années. Sa croissance ne tarde pas à devenir active et elle reste fort longtemps soutenue.

Station ; sol. — Le frêne croît à peu près partout, sauf sur les sols tenaces, compactes et sur les montagnes très-élevées ; mais il ne constitue pas de forêts à l'état pur ; il est rarement abondant sur une surface, même de faible étendue. On le rencontre surtout dans les plaines et vallées fertiles où se plaît le chêne pédonculé.

Bois. — Le bois du frêne est blanc, parfois rosé, nacré, onctueux, très-tenace et très-élastique ; sa pesanteur est assez forte : entre 0,630 et 0,930. Il n'est guère employé dans les constructions, où il dure peu ; mais ses qualités en font un bois de premier ordre pour le travail, surtout pour le charronnage et la fabrication des avirons.

C'est un bon combustible, médiocre cependant pour le chauffage domestique, à cause de la façon dont il brûle. Son charbon est de bonne qualité.

FAMILLE V.

Ulmacées.

Fleurs hermaphrodites, pourvues d'une seule enveloppe florale à 4 ou 8 divisions, de 4 à 8 étamines, d'un ovaire à deux loges, surmonté de 2 stigmates. — Le fruit est une samare presque circulaire, à graine centrale. Feuilles simples, alternes, disposées sur deux rangs, rudes au toucher.

GENRE UNIQUE. — **Orme.**

Mêmes caractères que ceux de la famille. — Bois à accroissements bien marqués, à aubier bien distinct, très-tenace et très-élastique.

Le genre orme renferme en France trois espèces :

Samare sessile non ciliée.	Graine rapprochée du sommet de la samare . . . . *Orme champêtre.*
	Graine exactement centrale . . . . *Orme de montagne.*
Samare pédonculée ciliée . .	*Orme diffus.*

I. Orme champêtre, connu aussi sous le nom d'orme à petites feuilles, d'orme rouge.

Feuilles relativement petites, ovales, pointues au sommet, inéquilatérales à la base, doublement dentées, rudes au toucher. Fleurs à quatre étamines. Samare moins large à la base qu'au sommet, échancrée au sommet, l'échancrure atteignant la graine, qui est placée au-dessus du milieu; aile assez sèche et ferme, jaunâtre à la maturité. — Arbre habituellement de grande taille, commun dans les grandes vallées et les plaines de toute la France, plus souvent planté, toutefois, que spontané. L'orme champêtre présente de nombreuses variétés caractérisées par la taille, la forme et le revêtement des feuilles, la structure de l'écorce. Plusieurs constituent de véritables races, auxquelles ce que nous avons dit plus haut, à propos des variétés du chêne rouvre, s'applique de tous points.

Taille et port. — L'orme champêtre est un arbre de la plus grande taille, pouvant atteindre 47 mètres de hauteur et 6 à 8 mètres, quelquefois plus, de circonférence; à tige élevée, nue, médiocrement droite, à cime large et touffue, surtout quand l'arbre croît à l'état isolé. Certaines variétés, au contraire, sont de très-petite taille, tandis qu'une autre, à tige irrégulière, est connue sous le nom d'*orme tortillard*.

Écorce. — L'écorce de l'orme champêtre présente beaucoup d'analogie de structure et d'aspect avec celle du chêne pédonculé. Comme elle, à sa surface, elle est d'un brun noir et fortement gercée. Une variété, connue sous le nom d'*orme subéreux*, offre une écorce dont la structure est fort analogue à celle du chêne-liége, et, comme elle, donne un liége, mais de mauvaise qualité et sans emploi possible.

Enracinement. — L'orme champêtre cesse rapidement d'être pivotant; il possède néanmoins un puissant enracinement, dû à des racines secondaires, les unes obliques, les autres traçantes, fort longues et fortement drageonnantes.

Floraison et fructification. — L'orme champêtre fleurit et fructifie à un âge peu avancé, mais les graines produites pendant les premières années de fructification ne sont pas fertiles ; elles le sont même en nombre assez restreint, lorsque l'arbre a atteint son maximum de fécondité. Celle-ci se manifeste chaque année par une extrême abondance de fruits.

La floraison a lieu au mois de mars ou d'avril, la maturité à la fin de mai ; elle est suivie immédiatement de la dissémination. Le kilogramme contient 130,000 à 150,000 samares.

Germination. — Semée en juin de l'année de fructification, la graine germe au bout de 3 à 4 semaines et donne un plant pourvu de deux feuilles cotylédonaires ; la croissance en est immédiatement rapide, puisque la tige atteint, dès la fin de la première année, 15 à 20 centimètres, et elle se maintient pendant les années suivantes. Il importe de semer aussitôt après la dissémination ; plus tard les jeunes plants lèveraient ; mais, insuffisamment lignifiés, ils courraient de grandes chances de destruction par les gelées.

Bois. — L'orme champêtre donne un bois supérieur à celui des autres espèces du genre, connu sous le nom d'orme rouge, à raison de sa couleur. Sa pesanteur est assez élevée : elle est comprise entre 0,600 et 0,800. C'est un bois dur, élastique, tenace, de fente difficile ; il prend beaucoup de retrait et se gerce en se desséchant. L'aubier est de mauvaise qualité. On emploie quelquefois l'orme dans les constructions navales; mais il est surtout précieux pour les machines, l'artillerie, le charronnage, qui emploie de préférence, pour certains emplois, l'orme tortillard, offrant encore plus de résistance à la fente, à cause de ses fibres entrelacées et contournées.

C'est un combustible ordinaire, qui brûle lentement en fournissant beaucoup de cendres; dans quelques régions de la France pauvres en bois, on l'emploie cependant pour cet usage, concurremment au chêne, et en lui donnant même la préférence.

II. Orme de montagne, connu aussi sous les noms d'orme blanc, d'orme à larges feuilles.

Feuilles relativement grandes (12 à 15 centimètres de longueur), plus rudes, d'un vert plus foncé que celles de l'orme champêtre. Fleurs à 5 ou 6 étamines. Samares plus grandes, ovales, à graine centrale non atteinte par l'échancrure. Aile plus herbacée, toujours plus ou moins verte, même à la maturité. — Grand arbre, disséminé dans les régions de coteaux et de montagnes en France. Comme l'orme champêtre, celui-ci offre aussi quelques variétés, moins tranchées toutefois, et en nombre moins considérable. Elles se distinguent surtout par les variations de forme et de taille de la feuille.

Port. — L'orme de montagne est voisin du champêtre ; il importe cependant de l'en distinguer, même dans la pratique, à raison de ses qualités et de ses exigences différentes. Cette distinction est facile, même au port. Il est de taille moins considérable, ce qui est dû à une longévité moins élevée ; la cime, plus ample, est moins fournie, les ramules étant moins nombreux et moins régulièrement disposés.

Station et sol. — Il croît sur tous les sols, en région de coteaux et de montagnes d'élévation moyenne, souvent jusque dans les fentes des rochers. Il est toujours à l'état de pieds disséminés au milieu des autres essences qui peuplent la forêt.

Bois. — Le bois est très-inférieur à celui de l'orme champêtre, dont il possède cependant les qualités, mais très-réduites. Aussi ne l'emploie-t-on que pour les usages secondaires et à défaut de son congénère ; sa coloration, beaucoup moins foncée, lui a fait donner le nom d'orme blanc, sous lequel il est connu dans les pays où ne se trouve pas l'orme diffus, bien plus médiocre encore que lui, et toujours désigné sous ce nom par les bûcherons et les ouvriers.

Comme combustible, le bois de l'orme de montagne est analogue, probablement inférieur à celui de l'orme champêtre.

III. Orme diffus, connu aussi sous le nom d'orme pédonculé et d'orme blanc.

Feuilles assez molles, très-inéquilatérales à la base, fortement recourbées vers le sommet. — Fleurs longuement pédonculées, pendantes, à 8 étamines. Samare petite, quoique à graine aussi grosse, arrondie, un peu allongée, ciliée sur les bords; graine centrale. Aile ferme, plane. — Grand arbre à écorce d'abord lisse, puis écailleuse, caduque, d'un brun jaunâtre, enfin gerçurée. Commun en Alsace, dans l'Argonne; disséminé çà et là dans le reste de la France, sur les sols très-frais et même humides.

Port. — L'orme diffus est une espèce bien distincte des précédentes. Sa tige est relevée de côtes, couverte de branches gourmandes ou de broussins et porte une cime irrégulière, dont la ramification ne rappelle à peu près plus en rien celle de l'orme champêtre.

Bois. — Il fournit un bois de faible pesanteur, jaune ou jaune brunâtre, sans aucune valeur, ni comme bois d'œuvre, ni comme combustible.

FAMILLE VI.

Acérinées.

Fleurs petites, d'un jaune verdâtre, régulières, hermaphrodites, à enveloppe florale double, composées d'un calice dont les sépales, au nombre de 5, sont soudés, et d'une corolle de 5 pétales, 8 étamines; ovaire à 2 loges. Le fruit est une samare double, à longues ailes latérales. — Arbres à feuilles simples, opposées; les nervures en sont palmées.

GENRE UNIQUE. — Érable.

Mêmes caractères que ceux de la famille. — Le bois des érables est homogène, dur, lourd, blanc ou très-faiblement coloré. Le genre érable renferme en France 5 espèces; nous nous bornerons à l'étude des trois espèces les plus grandes et les plus abondantes, négligeant l'érable à feuilles d'obier qui est disséminé, quoique parfois assez commun dans les régions montagneuses du sud et de l'est, depuis le Jura, et l'érable de Montpellier, arbre de petite taille, confiné dans le midi.

Feuilles mates et banchâtres en dessous, fleurs et fruits en grappes pendantes . . . . *Érable sycomore.*

Feuilles grandes, vertes et luisantes en dessous, à incisions largement arrondies . . . *Erable plane.*

Feuilles petites, vertes et luisantes en dessous, à incisions en angles aigus, à peine arrondies. . . . . *Érable champêtre.*

I. Érable sycomore, connu aussi sous les noms de grand érable, érable de montagne, faux platane.

Feuilles grandes, à cinq divisions, fortement et inégalement dentées, séparées par des incisions très-aiguës, mates et blanchâtres en dessous. Fleurs verdâtres, paraissant après les premières feuilles, disposées en grand nombre, en grappes pédonculées, allongées, pendantes. Samares bossues, anguleuses à la base, à ailes étranglées inférieurement et dressées, étalées. — Arbre de grande taille, à bourgeons couverts d'écailles herbacées, à écorce lisse jusqu'à 30 ou 40 ans, puis s'écaillant comme celle du platane; commun dans les bois montagneux.

Port et couvert. — L'érable sycomore est un arbre de grande longévité, dont la tige nue, rarement droite, porte une cime ample, médiocrement fournie; il a cependant un couvert épais, à cause de la largeur de ses feuilles.

Floraison et fructification. — A partir de 20 ou 30 ans, il fleurit et fructifie abondamment chaque année. La floraison a lieu en mai, la maturité des fruits en septembre. Ils restent plus ou moins longtemps sur l'arbre avant de se disséminer complétement. Le kilogramme en contient 21,000 à 23,000.

Germination et croissance. — Si on les sème à l'automne, le jeune plant lève en avril; il est muni de deux feuilles cotylédonaires très-allongées; les autres feuilles, qui paraissent successivement, sont de plus en plus divisées jusqu'à ce qu'elles arrivent à la forme normale. La croissance, assez rapide dès la première année, devient très-active pendant toute la jeunesse de l'arbre, assez pour qu'on soit quelquefois obligé d'en débarrasser, par des nettoiements, les essences plus précieuses qui croissent en mélange avec lui.

Enracinement et rejets. — L'enracinement se compose de longues racines qui s'amincissent rapidement; son volume total est de 20 à 25 p. % du volume total de la tige et des rameaux.

Les souches produisent des rejets nombreux et très-vigoureux.

Station et sol. — L'érable sycomore est un arbre

des régions de collines et surtout de montagnes où il dépasse les sapins; toujours disséminé dans les forêts, il devient cependant assez abondant dans celles dont le sol est très-fertile.

Bois. — Le bois du sycomore est blanc ou très-légèrement jaunâtre, de structure fine, très-homogène; sa pesanteur est assez forte 0,570 à 0,740; il prend un beau poli et se tourmente peu; aussi est-il recherché comme bois de travail par les menuisiers, sabotiers, mécaniciens, tourneurs, etc.; mais il n'est pas employé dans les constructions, parce qu'il résiste mal aux agents atmosphériques.

C'est un bon combustible qui donne un charbon égal à celui du hêtre.

II. Érable plane, connu aussi sous le nom de plaine.

Feuilles grandes, à 5 à 7 divisions, bordées de quelques longues dents, les unes et les autres très-aiguës, séparées par des incisions très-arrondies; minces, vertes et luisantes sur les deux faces. Fleurs jaunes, verdâtres, disposées en corymbes dressés. Samares planes à la base, à ailes étalées, non rétrécies inférieurement. — Arbre de grande taille, à écorce d'abord lisse et mate, puis finement et longitudinalement gerçurée, à bourgeons couverts d'écailles herbacées, vertes ou rouges. Disséminé dans toute la France, dans les mêmes régions que l'érable sycomore, mais plus rare que lui.

Tout ce que nous avons dit plus haut de l'érable sycomore, s'applique à l'érable plane, sauf les corrections suivantes : sa croissance reste moins longtemps active, aussi ses dimensions en hauteur et surtout en diamètre sont-elles notablement moindres ; ses fleurs sont plus précoces, elles paraissent avant les feuilles, habituellement dès le mois d'avril ; il s'élève moins haut dans les montagnes ; son bois, de structure moins fine, est plus exposé à la vermoulure ; aussi est-il, à cause de ces défauts et de ses dimensions plus faibles, moins estimé comme bois de travail ; sa pesanteur est un peu plus forte : elle peut s'élever à 0,840.

III. Érable champêtre, connu aussi sous le nom d'azeraille.

Feuilles plus petites que celles des espèces précédentes, à 3 ou 5 divisions obtuses, séparées par des incisions à angles aigus, à peine arrondis ; légèrement velues, vertes, à peine luisantes sur les deux faces. Fleurs vertes, jaunâtres, petites, en corymbes dressés. Samares légèrement convexes à la base, à ailes non rétrécies inférieurement, opposées en ligne droite. — Arbre de taille moyenne, à écorce d'abord recouverte d'un liége abondant, profondément gerçuré, puis gerçurée écailleuse, à bourgeons recouverts d'écailles sèches et brunes légèrement velues. Très-commun dans les forêts, en plaine et sur les collines.

Port et croissance. — L'érable champêtre a une croissance peu active, aussi dépasse-t-il rarement 10 à 15 mètres de hauteur totale; sa tige nue supporte une cime médiocrement développée et assez touffue. Il donne de nombreux rejets assez vigoureux.

Floraison et fructification. — Il fleurit en mai; ses fruits mûrissent en septembre ou en octobre; il fleurit assez abondamment, et presque tous les ans.

Bois. — Son bois est blanc, légèrement jaunâtre ou brunâtre, de structure très-fine, compacte, très-homogène, de pesanteur assez élevée 0,600 à 0,810. Aussi est-il recherché comme bois d'œuvre, malgré ses dimensions assez faibles. C'est un excellent combustible.

FAMILLE VII.

Tiliacées.

Fleurs hermaphrodites, pourvues d'une double enveloppe florale, un calice de 5 sépales et une corolle de 5 pétales; étamines très-nombreuses; ovaire à 5 loges, surmonté d'un style; fruit sec, globuleux, ne s'ouvrant pas, renfermant une ou deux graines. — Arbres à feuilles simples, alternes.

GENRE UNIQUE. — **Tilleul.**

Mêmes caractères que ceux de la famille.

Bois mou et léger, homogène, à accroissements peu distincts, blanc, légèrement rougeâtre.

Le genre tilleul renferme, pour la France, trois espèces. Nous étudierons les deux plus importantes; la troisième, qui est rare, présente du reste la plus grande analogie avec celles-ci.

Feuilles blanchâtres en dessous. Fruit dépourvu de côtes saillantes. . . . . *Tilleul à petites feuilles.*

Feuilles vertes et mollement velues en dessous; fruit pourvu de côtes saillantes . . . . *Tilleul à grandes feuilles.*

I. Tilleul à petites feuilles. — Feuilles relativement petites, longuement pétiolées, en forme de cœur, terminées brusquement par une pointe, dentées en scie, glabres sur les deux faces, vertes en dessus, blanchâtres en dessous, avec des poils roux aux aiselles des nervures. Bourgeons présentant seulement deux écailles apparentes. Fleurs petites, en petits corymbes dressés, offrant à la base du pédoncule commun une expansion foliacée. Fruit globuleux gris, brièvement velu, dépourvu de côtes saillantes. — Grand arbre disséminé parfois abondamment dans les forêts, quelquefois planté sur les promenades, mais moins fréquemment que le suivant.

Port. — Le tilleul à petites feuilles est un arbre de première grandeur, de très-grande longévité; sa tige, longuement nue quand il croît en massif, ramifiée à peu de distance du sol lorsqu'il est isolé, supporte une cime ample, à ramification régulière et fournie; aussi, grâce à son feuillage abondant, donne-t-il un couvert complet.

Enracinement. — L'enracinement est puissant, 2 à 3 racines pivotantes produisent de longues et fortes racines latérales.

La transplantation en est facile, même à un âge assez avancé; la reproduction par bouture, difficile.

Floraison et fructification. — La fécondité est précoce: 20 à 25 ans; elle est abondante chaque année; la floraison a lieu au milieu de juillet, la maturité des fruits en octobre, la dissémination à la fin de l'automne et en hiver. Le kilogramme renferme de 46,000 à 50,000 fruits secs. Si on ne les sème pas à l'automne, il est bon de les conserver dans du sable.

Germination et croissance. — La germination n'a lieu habituellement que le second printemps, après la maturité des fruits. Le jeune plant paraît avec deux feuilles cotylédonaires, grandes et profondément divisées. La croissance en est d'abord assez lente, puis active et surtout très-longtemps soutenue. Cependant, même au point de vue de la quantité des produits, la culture de cet arbre dont le bois est de plus fort médiocre, n'est pas aussi avantageuse que celle des essences plus précieuses.

Rejets. — Le tilleul donne de nombreux et vigoureux rejets.

Station et sol. — Le tilleul à petites feuilles croît en plaine et dans les basses montagnes, mais de préférence dans les régions de coteaux. Il demande des sols frais, se contente même de ceux qui sont humides, mais craint les sols meubles et secs. Il préfère ceux qui renferment du calcaire.

Bois. — Le bois présente les caractères que nous avons signalés plus haut pour le genre : il est léger, sa pesanteur est de 0,500; exceptionnellement dans le midi elle peut s'élever jusqu'à 0,580. Il est impropre aux constructions, mais sa grande homogénéité, la facilité avec laquelle il se travaille, son peu de tendance à se tourmenter, à se piquer, le font rechercher pour plusieurs emplois, tels que : sculpture, fabrication des intérieurs de meubles, objets de tour.

C'est un combustible fort médiocre, analogue aux bois des saules et des peupliers, auxquels il est supérieur pour le chauffage des appartements, mais inférieur pour l'industrie; son charbon est léger.

Produits accessoires. — On utilise une portion de son écorce, le liber qui est fort développé, après l'avoir fait rouir pendant quelques mois; on en fabrique des cordes, des nattes, et quelquefois des objets plus délicats, tels que : paniers, chapeaux, etc.

On recueille les fleurs pour la pharmacie.

II. Tilleul à grandes feuilles, connu aussi sous le nom de tilleul de Hollande.

Feuilles grandes, vertes sur les deux faces, mollement velues en dessous, avec des poils blanchâtres aux aisselles des nervures. Bourgeon revêtu de trois écailles apparentes. Fleurs semblables à celles du précédent, mais plus grandes. Fruits assez gros, à côtes saillantes à la maturité. Grand arbre, disséminé à peu près comme le précédent, très-fréquemment planté.

Le tilleul à grandes feuilles a une longévité et des dimensions plus considérables que le tilleul à petites feuilles, il fleurit quinze jours plus tôt, mais il lui ressemble pour le reste, et ce que nous avons dit du mode de végéter, des exigences, des emplois de son congénère, s'applique aussi à lui.

FAMILLE VIII.

Amygdalées.

Fleurs hermaphrodites, pourvues de deux enveloppes florales, dont les pétales et les sépales, au nombre de 5, sont libres. Étamines au nombre de 20 à 25; ovaire à une seule loge, surmonté d'un style; le fruit est charnu, à noyau (drupe). — Arbres ou arbrisseaux à feuilles simples, alternes; réunis à ceux de la famille suivante, ils constituent ce qu'en langage forestier on appelle les fruitiers.

La famille des amygdalées renferme, pour la

France, les genres : amandier, pêcher, cerisier, prunier, abricotier. Nous nous bornerons à étudier le genre cerisier, qui seul renferme une espèce de grande taille largement répandue dans nos forêts; les autres ne sont représentés que par des végétaux sortant à peine de nos cultures ou de petite taille.

GENRE UNIQUE. — **Cerisier.**

Drupe globuleuse, glabre, luisante, non recouverte d'un léger enduit bleuâtre; noyau à peu près lisse. Feuilles pliées en long dans le bourgeon.

Le genre cerisier, en France, renferme quatre espèces : les cerisiers merisier, à fruits acides, mahaleb, à grappes. Nous ferons l'histoire du seul merisier; le cerisier à fruits acides sort peu des cultures, les deux autres sont des arbrisseaux, rarement de petits arbres.

Cerisier merisier, connu aussi sous les noms de cerisier des oiseaux, cerisier des bois, cerisier sauvage.

Feuilles ovales, doublement dentées, glanduleuses, d'un vert mat, plus claires et légèrement velues en dessous; à pétioles munis, vers le sommet, de deux petites excroissances (glandes) rougeâtres; fleurs en faisceaux de 2 à 6, à corolle blanche, paraissant avec les feuilles. Fruits globuleux, rouges ou noirs, de saveur sucrée. — Grand arbre à écorce grise, satinée; disséminé parfois abondamment dans toute la France, surtout dans les régions de collines et de montagnes.

Taille et port. — Le merisier peut atteindre jusqu'à 20-23 mètres d'élévation, et $1^m,50$ à 2 mètres de circonférence; sa tige, droite, se prolonge jusqu'à l'extrémité de la cime; elle est pourvue d'une ramification peu abondante, les rameaux faisant un angle très-ouvert avec la tige et souvent disposés circulairement à la même hauteur.

Enracinement. — L'enracinement est puissant, composé de fortes et longues racines profondément enfoncées.

Floraison et fructification. — La floraison a lieu, chaque année, au mois d'avril ou de mai, ce qui l'expose à être atteinte par les gelées printanières. Les fruits mûrissent au mois de juin ou de juillet.

Germination et croissance. — Le jeune plant lève au printemps qui suit la maturité du fruit, il est pourvu de deux feuilles cotylédonaires arrondies, entières; sa croissance est lente pendant les premières années, puis elle devient assez active jusqu'à 40 ou 50 ans; passé cet âge, le merisier n'a plus qu'un accroissement fort ralenti.

Station et sol. — Le merisier est très-peu difficile sur le choix de sa station; il préfère toutefois les sols calcaires, les expositions chaudes et les régions de collines ou de montagnes; il n'y dépasse pas le hêtre.

Le merisier est très-fréquemment cultivé dans les jardins où il paraît être la souche de toutes les races de cerisiers à fruits sucrés, non acides.

Bois. — Le bois du merisier est rouge brunâtre assez clair, veiné, légèrement maillé et luisant; sa pesanteur est assez élevée; elle varie de 0,600 à 0,800; il est tenace et dur, reçoit un beau poli, s'altère rapidement à l'air; aussi n'est-il pas employé dans les constructions, mais il est fort recherché comme bois de travail par les ébénistes, les tourneurs, les luthiers, etc. On lui donne souvent, lorsqu'il est ainsi employé, une couleur rouge prononcée, au moyen de l'eau de chaux ou de l'acide azotique.

C'est un combustible de médiocre qualité.

FAMILLE IX.

Pomacées.

Fleurs hermaphrodites, régulières, pourvues de deux enveloppes florales, un calice à 5 divisions, soudé avec l'ovaire, une corolle à 5 pétales libres. Étamines nombreuses; ovaire présentant habituellement 5 loges, surmonté d'autant de styles. Le fruit, charnu, portant à sa partie supérieure les dents du calice, est une pomme. — Arbres ou arbrisseaux quelquefois épineux, à feuilles simples, alternes.

Le bois de toutes les espèces de cette famille est lourd, dur, compacte, très-homogène, peu disposé à la fente, à coloration variable du blanc au rouge brun foncé; cette dernière coloration ne se remarque souvent qu'au centre de la tige, elle affecte alors des figures très-irrégulières, et loin d'être un indice de qualité supérieure, elle accuse au contraire un commencement d'altération.

La famille des pomacées renferme, en France, les genres aubépine, néflier, coignassier, poirier, pommier, alisier, sorbier et amélanchier. Nous étudierons seulement les quatres plus importants eu égard aux dimensions des espèces qui les composent.

Pommes à pépins, solitaires, ou réunies par deux ou par trois, globubuleuses . . . . *Pommier*.

Pommes à pépins, solitaires ou réunies par deux ou par trois, en forme de poires . . . . *Poirier*.

Pommes à pépins, disposées en corymbe, feuilles simples . . . . *Alisier*.

Pommes à pépins, disposées en corymbes, feuilles composées . . . . . . *Sorbier*.

GENRE I. — Pommier.

Fleurs blanches lavées de rose, en ombelle simple; calice à 5 dents, 5 pétales arrondis, anthères jaunes, 5 styles soudés à la base; pomme présentant une dépression marquée à l'insertion du pédoncule. — Arbres à feuilles simples, dentées.

On trouve, en France, deux espèces de pommiers, le commun et l'acerbe; nous nous bornerons à l'histoire de ce dernier; le premier, qui semble être la souche de toutes les races cultivées à fruits doux, est rare dans nos forêts et paraît y être échappé des cultures.

Pommier acerbe. — Feuilles à pétiole égal

au limbe, ou moitié plus court, ovales, à pointe allongée, dentées, d'abord plus ou moins velues sur les deux faces, finalement glabres, de consistance herbacée, peu luisantes, d'un vert clair en dessus, plus pâles en dessous. Fruits de 20 à 25 centimètres de diamètre, de saveur très-acerbe. Arbre à rameaux épineux, à écorce d'un gris brun, gerçurée, s'exfoliant par plaques. Disséminé dans les bois de la plaine et des collines.

Port et croissance. — Le pommier acerbe peut atteindre 10 à 12 mètres de hauteur, sur $0^{m},70$ à 1 mètre de circonférence; sa tige, irrégulière, cannelée, supporte une cime ample, étalée, caractérisque, devenue un terme de comparaison; sa ramification est assez serrée, aussi le couvert est-il assez épais.

La végétation est lente, mais la longévité élevée, sans être très-considérable. Il sert fréquemment de sujet pour greffer des variétés cultivées pour leurs fruits, surtout celles que l'on veut élever en quenouilles ou en espalier.

Floraison et fructification. — Le pommier acerbe commence à fructifier à un âge peu avancé, il ne donne pas de fruits ni même de fleurs chaque année. La floraison a lieu en mai, la maturité en septembre. On en recueille souvent les fruits pour faire du cidre.

Bois. — Le bois est rougeâtre, flambé de brun rougeâtre au cœur; la pesanteur en est forte : 0,800 à 0,850; on l'emploie aux mêmes usages que celui des autres pomacées, mais c'est un des moins estimés à cause des faibles dimensions et de l'irrégularité de sa tige, de la plus grande disposition qu'il offre à travailler et à se gercer. C'est un bon combustible.

GENRE II. — Poirier.

Fleurs blanches assez grandes, disposées en corymbe simple; calice à 5 dents, 5 pétales arrondis, allongés, 5 styles complétement libres. Le fruit est connu sous le nom de poire. Arbres généralement épineux à l'état sauvage, à feuilles simples.

On trouve, en France, trois espèces de poiriers; nous en négligeons deux : l'un, le poirier amandier, est confiné dans la région méditerranéenne, c'est plutôt un arbrisseau qu'un arbre; l'autre, le poirier à feuilles de sauge, ne se rencontre que sur quelques points de la France centrale.

Poirier sauvage, aussi connu sous le nom de poirier commun.

Feuilles à pétiole grêle, aussi long que le limbe,

ovales ou arrondies, brièvement pointues ou obtuses, presque entières ou finement dentées en scie, velues dans la jeunesse, fermes et coriaces, glabres, d'un vert foncé, très-luisant en dessus, plus clair en dessous. Fleurs blanches, grandes, disposées par 6 à 12 en corymbes simples. Fruits petits, acerbes. — Arbre à rameaux épineux, à écorce d'abord lisse, verdâtre ou rougeâtre, gerçurée et d'un brun noir. Disséminé dans les bois de plaines et de collines de toute la France. On admet généralement qu'il est la souche de toutes nos races cultivées, mais cela est fort douteux; il sert de sujet pour les propager par la greffe.

Port et croissance. — Le poirier commun atteint 10 à 15 mètres de hauteur totale et 2 à 3 mètres de circonférence, grâce à une longévité fort élevée, car sa croissance est très-lente. Sa tige, droite, se prolonge jusqu'à l'extrémité de la cîme et porte une ramification serrée.

Sa souche repousse mal.

Floraison et fructification. — Le poirier commence à fructifier à un âge peu avancé, mais il ne donne pas de fruits chaque année, soit que ses fleurs ne se produisent pas ou qu'elles soient détruites par les dernières gelées. La floraison a lieu au mois d'avril ou de mai, la maturité au mois de septembre. On en recueille les fruits pour faire du cidre.

Bois. — Le bois du poirier est très-homogène, de structure très-fine, rouge, quelquefois plus brun au cœur, par suite d'un commencement d'altération. Sa pesanteur est élevée : 0,700 à 0,840. Lorsqu'il est bien sec, il est fort recherché pour beaucoup de métiers : gravure, sculpture, tour, fabrique d'instruments de musique et de mathématiques (équerres, règles), ébénisterie, lorsqu'il a été coloré en noir.

C'est un bon combustible.

GENRE III. — Alisier.

Fleurs blanches ou roses, en corymbes composés comprenant un grand nombre de fleurs. Calice à 5 dents, 5 pétales arrondis. Fruit peu charnu, globuleux. Arbres ou arbrisseaux à feuilles simples.

Le genre alisier renferme, pour la France, six espèces. Nous en étudierons seulement deux ; les autres étant ou trop disséminées, ou confinées dans les hautes régions montagneuses.

Feuilles d'un blanc pur en dessous; fruits rouges, farineux, non comestibles . *Alisier blanc.*

Feuilles vertes ou vert grisâtre en dessous. Fruits devenant bruns en blossissant; comestibles. *Alisier torminal.*

I. Alisier blanc, aussi connu sous le nom d'allouchier.

Feuilles ovales, un peu variables dans leur forme, entières et rétrécies à la base, arrondies ou un peu aiguës à l'extrémité, plus ou moins profondément dentées, grises et velues en dessus pendant la jeunesse, puis vertes, un peu luisantes et glabres; blanches, tomenteuses en dessous. Fleurs blanches. Fruits globuleux ou ovoïdes, rouges, farineux, peu charnus, légèrement sucrés, acidulés. — Arbre de taille moyenne, disséminé, mais commun dans les bois situés sur les collines ou dans les montagnes.

Taille, port et croissance. — L'alisier blanc reste souvent à l'état de buisson, mais peut atteindre 10 à 15 mètres d'élévation. Dans ce cas, sa tige, droite, cylindrique, à écorce d'abord grise et lisse, puis gerçurée, écailleuse, supporte une cime garnie de rameaux peu nombreux, portant des ramules robustes. Sa croissance, lente, est longtemps soutenue. Il repousse bien de souche et peut drageonner.

Floraison et fructification. — Il fructifie à un

âge peu avancé ; il fleurit abondamment au mois de mai ; la maturité des fruits a lieu au mois de septembre ou d'octobre. Mais il arrive assez souvent que la floraison fait complétement défaut. La graine lève partie au printemps qui suit la maturité, partie la seconde année. Le jeune plant présente deux feuilles cotylédonaires ovales, entières.

Station et sol. — L'alisier blanc s'élève des collines à des altitudes considérables dans les montagnes. Il croît sur tous les sols, pourvu qu'ils ne soient ni trop humides, ni trop compactes.

Bois. — Le bois est blanc, parfois rougeâtre et veiné de brun au cœur lorsque l'arbre est âgé ; il est dur, très-homogène, d'une pesanteur élevée : 0,740 à 940. Il est recherché pour le tour, la fabrication des outils, des machines. On lui préfère cependant son congénère, l'alisier terminal, à cause de ses dimensions plus fortes. C'est un très-bon combustible dont le charbon est estimé.

II. Alisier torminal. — Feuilles à pétiole égalant la moitié du limbe, tronquées ou légèrement échancrées à la base, aiguës au sommet, assez profondément divisées, à divisions triangulaires aiguës ; vertes, luisantes et glabres sur les deux faces, quelquefois un peu velues. Fleurs blanches. Fruits bruns piquetés de blanc grisâtre, à saveur acidulée, sucrée lors du blossissement. — Arbre de taille moyenne, disséminé, mais commun dans les bois de plaine, de coteaux et de montagnes peu élevées.

Port et croissance. — L'alisier torminal, habituellement, est de dimensions plus considérables que le blanc ; il peut atteindre 15 à 20 mètres de hauteur totale sur 60 centimètres de diamètre. Sa tige, recouverte d'une écorce d'abord lisse et grise, puis écailleuse, brune, à écailles caduques, porte une cime assez ample et garnie ; sa croissance est lente et soutenue. Il repousse médiocrement de souches.

Station et sol. — Il croît sur tous les sols, sauf ceux qui sont trop secs ou trop humides ; il vient plus facilement en plaine que le blanc et s'élève moins haut dans les montagnes.

Floraison et fructification. — Il commence à fructifier à un âge peu avancé ; il fleurit abondamment au mois de mai ; les fruits mûrissent au mois d'octobre, mais la floraison fait quelquefois complètement défaut. La graine lève au printemps qui suit la maturité. Le jeune plant présente deux feuilles cotylédonaires entières.

Bois. — Le bois de l'alisier torminal est un peu plus rougeâtre que celui de l'alisier blanc, auquel il ressemble beaucoup ; il lui est supérieur par les dimensions, ce qui lui donne des usages plus étendus.

Fruits. — Les fruits sont comestibles et recueillis comme tels.

GENRE IV. — Sorbier.

Le genre sorbier présente tous les caractères des alisiers, dont il ne diffère que par ses feuilles composées.

Il renferme, pour la France, deux espèces.

Bourgeons non visqueux; fruit rouge, petit, farineux, non comestible . . . . *Sorbier des oiseleurs.*

Bourgeons visqueux; fruit devenant brun en blossissant, charnu, pulpeux, comestible. *Sorbier domestique.*

I. Sorbier des oiseleurs. — Feuilles pennées, formées de 13 à 17 folioles sessiles, sauf l'impaire, oblongues, aiguës, à dents aiguës, presque glabres à l'état adulte, exhalant, quand on les froisse entre les doigts, une odeur désagréable. Fleurs blanches; calice à 5 dents; ovaire à 3 loges, surmonté de 3 styles. Fruit sphérique d'un centimètre de diamètre, d'un rouge corail, âpre, non comestible. — Arbre de taille moyenne, à bourgeons velus; commun dans les régions montagneuses, plus rare dans les pays de coteaux et seulement dans le nord de la France.

Taille et port. — Le sorbier des oiseleurs peut atteindre 10 à 15 mètres d'élévation sur 1^m,50 de circonférence ; mais, le plus habituellement, il reste fort en dessous de ces dimensions. Sa tige, recouverte d'une écorce lisse d'un gris cendré, porte une cime médiocrement développée, à rameaux assez allongés et un peu penchés. Sa croissance est assez active ; mais il ne dépasse guère l'âge de cent ans, qu'il n'atteint même pas aux altitudes inférieures. Il se reproduit facilement de souche et de drageons.

Floraison et fructification. — Il fructifie à un âge peu avancé; il donne ensuite des fruits abondants chaque année. Il fleurit en mai ou juin ; la maturité des fruits a lieu au mois d'octobre. Les graines lèvent au printemps qui la suit. Le jeune plant, pourvu de deux feuilles cotylédonaires ovales et entières, atteint 20 à 30 centimètres la première année.

Station et sol. — Il croît sur tous les sols et

préfère les régions montagneuses, élevées et froides. Il est très-fréquemment cultivé à cause de la beauté de ses nombreux fruits rouges.

Bois. — Le bois, légèrement rougeâtre, devient, avec l'âge, rouge brunâtre au cœur; il est compacte, dur, très-tenace ; sa pesanteur est forte : 0,700 environ. On l'emploie aux mêmes usages que les alisiers.

C'est un très-bon combustible.

II. Sorbier domestique, connu aussi sous le nom de cormier.

Feuilles semblables à celles du sorbier des oiseleurs, à dents moins pointues, plus pâles en dessous qu'en dessus, n'exhalant aucune odeur quand on les froisse entre les doigts. Fleurs blanches assez grandes. Calice à 5 dents. Ovaire à 5 loges surmontées de 5 styles. Fruit en forme de poire, de 3 centimètres environ de longueur, d'abord vert ou rougeâtre, puis brun, pulpeux, acidulé, vineux à l'état de blossissement. Arbre de taille moyenne, à bourgeons gros, glabres et visqueux; disséminé dans les bois, où il est assez rare.

Taille et port. — Le sorbier domestique est un

arbre de 15 à 20 mètres de hauteur, pouvant atteindre 4 mètres de circonférence. Sa tige, droite, recouverte d'une écorce brune très-foncée, gerçurée, écailleuse, porte une cime pyramidale. Sa longévité est de 500 à 600 ans. Il rejette abondamment de souches.

Floraison et fructification. — Le sorbier domestique ne donne pas de fruits chaque année ; il fleurit en mai ou juin ; la maturité a lieu en octobre ; les graines germent au printemps qui la suit. Le plant, pourvu de deux feuilles cotylédonaires ovales, entières, ne dépasse pas un centimètre la première année.

Station et sol. — Le sorbier domestique ne s'élève pas haut dans les montagnes; il habite les pays de coteaux et préfère les sols calcaires, si même il ne les exige pas. Il est assez fréquemment cultivé comme fruitier.

Bois. — Le bois de sorbier domestique est d'un rouge brun vif, souvent veiné; il est très-dur, très-homogène, d'une forte pesanteur : 0,820 à 0,940. C'est, à cause de ses excellentes qualités et de sa rareté, un des bois les plus recherchés et les plus chers de nos forêts. Il est employé par les graveurs, sculpteurs, tourneurs, armuriers, mécaniciens, ébénistes. C'est un excellent combustible.

Fruits. — Ses fruits sont comestibles ; ils servent aussi à la confection du meilleur cidre.

DIVISION II.

BOIS RÉSINEUX.

Les bois résineux, connus aussi sous le nom de conifères, d'arbres verts, sont caractérisés par leurs feuilles en forme d'aiguilles, persistantes, sauf un seul cas. Ramification souvent verticillée; bois résineux, sans vaisseaux. Le fruit est un cône. Les fleurs sont nues, amentacées; la floraison monoïque. Cette division renferme, pour la France, trois familles. Nous en négligerons deux: celles des *taxinées* (if) et des *cupressinées* (genévriers, cyprès), à cause de la petite taille ou de la rareté des essences qu'elles renferment. Nous étudierons celle des *abiétinées*, que nous avons eue seule en vue, en établissant les caractères énumérés ci-dessus.

FAMILLE UNIQUE.

Abiétinées.

Mêmes caractères que pour la division. — Bois à accroissements très-distincts.

Feuilles solitaires, persistantes, aplaties, marquées en dessous de deux raies argentées; cône à écailles minces, à maturation annuelle, dressé ; écailles caduques . . . . *Sapin.*

Feuilles solitaires, persistantes, quadrangulaires et aiguës; cône à écailles minces, à maturation annuelle, pendant; écailles persistantes . . . . *Épicéa.*

Feuilles en faisceaux, caduques, molles, herbacées; cône à écailles minces, à maturation annuelle, dressé ; écailles persistantes . . . . *Mélèze.*

Feuilles réunies par 2 à 5 dans une gaîne, persistantes; cône à écailles épaisses, à maturation bisannuelle, étalé ou réfléchi ; écailles persistantes . . . . *Pin.*

GENRE I. — **Sapin.**

Feuilles persistantes, solitaires, en spirale, paraissant rangées sur deux rangs par torsion de la base de la plupart d'entre elles ; planes, obtuses ou échancrées au sommet, pourvues en dessous de deux raies blanches. Cônes toujours dressés ; écailles caduques à la maturité[1], tombant avec les graines et laissant l'axe du cône sur l'arbre; ramification verticillée sur la tige principale, opposée dans un seul plan sur les branches. Bois blanc, à aubier très-peu distinct, presque totalement dépourvu de canaux résinifères.

Sapin pectiné, connu aussi sous les noms de sapin commun argenté, des Vosges, de Normandie.

Chatons mâles à l'aisselle des feuilles en dessous des rameaux de l'année précédente, solitaires, globuleux, d'abord rouges, puis jaunes. Chatons femelles apparents dès le mois d'août de l'année qui précède la floraison, placés à la face supérieure des rameaux les plus élevés de la cime. Cône oblong, cylindrique, vert ou vert brunâtre, mat, long de 8 à 10 centimètres, dressé, à écailles caduques; graines anguleuses, irrégulières, d'un jaune brunâtre luisant, contenant de la térébenthine, à ailes larges, triangulaires, une fois et demie plus longues qu'elles, adhérentes, d'un rouge vif jusqu'à la maturité, puis d'un brun foncé. — Grand arbre, habitant les régions montagneuses de toute la France, la Corse comprise.

Taille et port. — Le sapin pectiné a une longévité considérable, il atteint assez fréquemment 40 mètres de hauteur, quelquefois plus, et 2 mètres de diamètre. Un sapin des environs de Gérardmer (Vosges) mesure $47^{m},50$ de hauteur, sur $4^{m},40$ de circonférence à $1^{m},30$ du sol.

La tige, très-droite, se ramifie régulièrement par verticilles; chacune des branches qui les composent présente tous ses ramules disposés dans un même plan, deux de ces ramules sont toujours opposés en croix en dessous de la pousse terminale. La cime, d'abord pyramidale, aiguë, devient plus ou moins plane, un peu après l'époque où la fructification commence, par suite du ralentissement de l'accroissement en hauteur, tandis que les rameaux continuent à s'allonger notablement.

La grande différence qui existe entre le mode de ramification de la tige et celui des branches, rend la perte de la flèche ou pousse terminale irréparable, lorsque la rupture a lieu en un point déjà âgé de la tige; si elle se produit en un point plus jeune, une branche peut en former une nouvelle en se redressant, mais ce n'est qu'au bout d'un nombre d'années parfois assez considérable qu'elle forme des verticilles réguliers.

Enracinement. — L'enracinement est profond et puissant; il se compose d'un pivot qui s'enfonce à 1 mètre et plus, se ramifiant en fortes et longues racines latérales. Le bois de souche et de racines est d'environ 16 p. % du volume total.

Feuillage et couvert. — Les feuilles nombreuses, étalées horizontalement de chaque côté des rameaux et ramules, redressées cependant sur les branches les plus élevées des arbres âgés, persistent jusqu'à 10 et 12 ans, aussi le couvert de cette essence est-il épais.

Écorce. — Le sapin garde longtemps, jusqu'à 40-100 ans, une écorce lisse, mince et vive, argentée, composée des trois couches normales, liége, enveloppe herbacée et liber, puis elle épaissit par production d'un nouveau tissu, et se gerce fortement; elle ne dépasse guère, toutefois, une épaisseur de 3 à 4 centimètres. Des lacunes nombreuses, situées dans l'enveloppe herbacée, faisant souvent saillie à la surface, renferment une térébenthine que l'on recueillait autrefois. Cette récolte est complétement tombée en désuétude, aujourd'hui que l'on peut facilement se procurer par le commerce la même substance produite en abondance par d'autres conifères, le pin maritime notamment. C'est cette térébenthine ou au moins la résine qui persiste dans ces lacunes après l'évaporation de l'essence sur les écorces âgées, qui en fait un excellent combustible.

Floraison et fructification. — La fécondité commence, pour le sapin, vers l'âge de 60 à 70 ans. La floraison est assez régulière et presque annuelle; elle a lieu à la fin d'avril ou au commencement de mai; la fructification au commencement d'octobre de la même année; la dissémination suit immédiatement.

La graine a des dimensions plus fortes que celles de la plupart des autres abiétinées. Elle contient beaucoup de térébenthine. Son aile, très-adhérente, persiste en partie après le désailement. Le kilogramme en renferme 22,000 à 23,000 lorsqu'elles sont fraîches et ailées.

Elles conservent difficilement leur vitalité, aussi faut-il les semer, au plus tard, au printemps qui suit la récolte.

Germination et jeune plant. — La germination a lieu immédiatement, le jeune plant sort coiffé par les enveloppes de la graine, il s'en débarrasse promptement et offre de 4 à 8, généralement 5 feuilles cotylédonaires longtemps persistantes, offrant deux raies blanches en dessus. Pendant deux à trois ans, la tige s'allonge à peine, tandis que la racine s'enfonce profondément dans le sol. Vers 3 à 4 ans, le jeune sapin commence à se ramifier par la production de une à deux branches latérales, dirigées en divers sens, mais sans s'allonger beaucoup. Enfin, vers 10 ans, il donne des verticilles réguliers, et sa végétation devient fort rapide, à condition qu'il ne soit pas sous un trop fort couvert.

Cependant il peut le supporter et persister sous son action la plus intense, mais en se développant très-peu, 50 à 60 ans; si alors on le découvre, il est susceptible de donner les plus beaux arbres; c'est ce que révèle l'expérience journalière dans les forêts anciennement jardinées.

Sol et station. — Le sapin croît vigoureusement sur tous les sols (granits et grès des Vosges, calcaires du Jura); mais il se rencontre seulement dans les régions montagneuses fraîches, pourvu que la température moyenne de l'hiver ne soit pas inférieure à 4 à 6 degrés au-dessous de zéro, ce qui ne lui permet pas de dépasser 1,700 mètres en Corse, 1,950 mètres dans les Pyrénées, 1,500 mètres dans le Jura et l'Auvergne, 1,000 à 1,150 mètres dans les Vosges. Pour cette dernière chaîne, la limitation de l'essence doit être, du reste, autant le résultat du défaut d'abri que de la température. Dans les très-basses montagnes, le sapin croît vite, mais il a peu de vitalité et produit un bois fort médiocre.

Maladie du sapin. — Le bois de sapin est exposé à contracter un vice grave, le *chaudron*. On nomme ainsi un renflement de la tige, très-souvent en partie dépouillée de son écorce, siége d'écoulements séveux; le bois y est rougeâtre, mou, spongieux, à larges accroissements, en partie carié; la fibre en est entrelacée, fort irrégulière. Ce vice, qui existe dans toutes les sapinières, est très-commun dans quelques-unes; il est grave, car il expose le sapin à se rompre au point où il se manifeste, soit sur pied, soit lors de l'abatage ou de la mise en œuvre. Il est donc une cause de forte dépréciation pour les pièces qui en sont atteintes; il résulte d'un arrêt de séve qui se manifeste à l'origine par un rameau déformé qu'on appelle, dans les Vosges, balai de sorcier. Cette déformation et le chaudron sont dus au développement d'un champignon d'organisation inférieure qui fructifie à la face inférieure des feuilles du balai de sorcier.

Bois. — Le bois du sapin ne présente à peu près pas de canaux résinifères, il est blanc et offre des accroissements annuels très-distincts. Sa pesanteur est faible, 0,380 à 0,540. Il est fort élastique, d'une fente facile, d'une grande durée lorsqu'on l'emploie à couvert, mais exposé à l'air, il se détruit rapidement.

Ses qualités jointes à ses grandes dimensions le font rechercher pour les charpentes des grandes constructions civiles; on le débite aussi très-fréquemment en planches, lattes, etc.; comme bois de fente, il sert à faire des bardeaux, de la boissellerie, du merrain pour cuves, tonneaux destinés à loger des substances sèches.

Le bois de tige est un médiocre combustible, il brûle avec une flamme vive. Le bois de branches, qui a un tissu beaucoup plus serré, une pesanteur plus considérable, lui est bien supérieur.

GENRE II. — **Épicéa.**

Feuilles quadrangulaires, persistantes, solitaires, entourant régulièrement les rameaux, raides, pointues et piquantes. Cônes terminaux sur les rameaux, pendants, à écailles minces, persistantes. Ramification verticillée sur la tige.

Arbres à bois blanc, présentant quelques très-fins canaux résinifères.

Épicéa commun, connu aussi sous le nom de pesse.

Chatons mâles ovoïdes, roses ou pourpres avant la floraison, terminaux ou à l'aisselle des feuilles sur les rameaux de l'année précédente; fleurs femelles en chatons cylindriques d'un rouge violacé, dressés, terminaux sur les pousses d'un an des parties moyennes et élevées de la cime; les uns et les autres produits par des bourgeons reconnaissables dès l'année précédente.

Cônes pendants, longs de 10 à 15 centimètres, à écailles de forme variable à leur sommet, minces, sèches et coriaces, d'un roux clair luisant. Graines petites, ovales, atténuées à la base, de la taille et de la forme de celles du pin sylvestre, mais d'un rouge brun, mat, uniforme, pourvues d'une aile deux ou trois fois aussi longue qu'elles, d'un roux clair. — Grand arbre, rare dans les Vosges à l'état spontané, commun dans le Jura, les Alpes, disséminé dans les Pyrénées.

Taille et port. — L'épicéa est un arbre de grande longévité, il peut atteindre et même dépasser le sapin en hauteur, quoique le fait soit assez rare, mais il lui est inférieur en diamètre. On cite, en Silésie, un épicéa de 49 mètres de hauteur, sur $4^m,30$ de circonférence, à $1^m,30$ du sol.

La cime, serrée, longuement et étroitement pyramidale, aiguë, même à l'âge le plus avancé, est formée de branches verticillées portant des rameaux et ramules opposés, distiques, auxquels se mêlent des rameaux et ramules situés en des points quelconques du végétal. Les branches, rameaux et ramules sont toujours plus ou moins penchés vers le sol, ou même pendants, de là un port très-caractéristique pour l'espèce.

Les feuilles peuvent persister 10 et 12 ans; ce

qui, joint à la ramification serrée de l'essence, lui donne un couvert épais.

Enracinement. — L'enracinement est faible et consiste presque exclusivement en racines traçantes assez grêles, la croissance du pivot s'arrêtant de très-bonne heure; aussi cet arbre, lorsqu'il a crû à l'état de massif, est-il très-sujet à tomber sous l'effort du vent si on vient à l'isoler. Le bois de souche et de racine s'élève à 16,5 p. % du volume total.

Écorce. — L'écorce devient rapidement rougeâtre, s'exfoliant légèrement, mais elle reste peu épaisse jusque vers 30 ans. A cet âge, elle s'épaissit, se gerçure et s'exfolie à la surface en petites plaques plus ou moins arrondies.

Floraison et fructification. — L'épicéa commence à être fécond vers l'âge de 50 ans; il porte fruit plus irrégulièrement que le sapin. La floraison a lieu à la fin de mai ou au commencement de juin; la maturité au mois d'octobre de la même année; la dissémination immédiatement après ou, plus fréquemment, au printemps suivant.

Le kilogramme contient 124,000 graines fraîches et désailées. Elles peuvent conserver 3-4 ans leur faculté germinative.

Germination et jeune plant. — Semées au printemps, elles germent au bout de 4 ou 5 semaines. Le jeune plant paraît d'abord coiffé des enveloppes de la graine, comme chez toutes les abiétinées. Il présente ordinairement 9 feuilles cotylédonaires, semblables aux feuilles normales. Dès la première année, il s'allonge notablement et porte 1 à 3 petits rameaux. Il commence à former des verticilles réguliers à 2 ou 3 ans au plus. La croissance est immédiatement rapide. Le pivot s'arrête dès la première année en produisant de nombreuses radicelles très-déliées, ce qui explique en partie la facilité avec laquelle cette essence se transplante.

Sol et station. — L'épicéa s'accommode de tous les sols, il croît également bien sur les terrains granitiques des Vosges, de certaines parties des Alpes et sur les calcaires du Jura.

C'est, pour la France, un arbre des régions montagneuses. Il supporte et exige un climat plus froid et plus humide que le sapin ; aussi ses limites d'altitude inférieure et supérieure sont-elles plus élevées que celles de cette dernière essence. On le rencontre toutefois abondamment dans les basses montagnes, sur les coteaux et même en plaine. Mais il n'est pas spontané ; il a été introduit artificiellement, ce qui est fâcheux, car, sous ces climats trop chauds pour lui, il perd beaucoup de sa longévité; son bois, d'une croissance rapide pendant les premières années, est mou, spongieux, de la plus médiocre qualité.

Bois. — Le bois de l'épicéa est fort analogue à celui du sapin, mais il présente des canaux résinifères relativement plus nombreux et plus apparents; il est plus blanc, plus lustré, d'un grain plus fin, d'une fente plus facile, moins nerveux, d'une pesanteur plus faible : 0,340 à 0,540; aussi lui est-il inférieur pour les grand emplois dans les constructions, mais il est plus recherché que lui comme bois de travail. Tout ce que nous venons de dire s'applique au bois d'épicéas ayant végété dans leur station normale; celui des stations inférieures est, à juste titre, peu estimé pour tous les emplois, quels qu'ils soient.

C'est un médiocre combustible.

Résine. — On résine l'épicéa en entamant l'écorce jusqu'au corps ligneux exclusivement. C'est une opération assez productive, mais qui, en France, se pratique seulement en délit; elle cause le plus grand dommage à l'arbre par la diminution de croissance qui en résulte, la pourriture qu'elle engendre dans les portions dénudées du tissu ligneux, et qui s'étend de proche en proche; enfin par la déformation de la base des tiges, résultant du peu de soin avec lequel elle est pratiquée.

GENRE III. — Mélèze.

Feuilles molles et caduques, solitaires sur les pousses qui s'allongent, fasciculées sur celles qui ne se développent pas. Chatons mâles et femelles terminant de très-courts rameaux latéraux de 2 à 6 ans et provenant de bourgeons qui ne se distinguent pas à l'avance de ceux à feuilles ; les chatons mâles globuleux ; les chatons femelles dressés, entourés à la base de feuilles. Cônes dressés, petits ; écailles peu nombreuses, minces et ligneuses, peu serrées, persistantes ; maturation annuelle. Arbres à ramification épaisse.

Bois à aubier et bois parfait bien distincts, pourvu de nombreux canaux résinifères bien apparents.

Mélèze d'Europe. — Feuilles molles, d'un vert gai, longues de 2 à 3 centimètres. Chatons mâles d'un jaune verdâtre ; chatons femelles dressés, d'un rouge violacé. Cônes ovales, oblongs, longs de 3 à 4 centimètres, solitaires, dressés ou horizontaux, d'un gris brunâtre, presque mat, formés d'un petit nombre d'écailles minces, tronquées ou échancrées au sommet, peu serrées. Graines petites, d'un gris jaunâtre très-clair, luisant sur une face, mat sur l'autre, à ailes deux fois aussi longues qu'elles, d'un roussâtre très-clair. Grand arbre, spontané dans les Alpes du Briançonnais et de la Savoie.

Taille, port et couvert. — Le mélèze est un arbre à tige droite, élancée, pouvant atteindre 30 à 35 mètres d'élévation et 70 centimètres de diamètre. Il dépasse très-rarement ces dimensions et reste fréquemment en dessous, surtout pour la hauteur, à raison des altitudes élevées qu'il habite. Sa cime, étroitement et longuement pyramidale, aiguë, est formée de branches non verticillées, minces, étalées, pourvues de nombreux rameaux grêles et pendants. Le feuillage du mélèze se renouvelant et tombant chaque année, le couvert de cet arbre est assez léger.

Enracinement. — Le pivot du mélèze s'arrête dès les premières années; l'enracinement consiste en plusieurs racines principales obliques, pourvues de petites racines plus ou moins traçantes. Le volume du bois de souche et de racine est de 10 p. % environ du volume total.

Écorce. — L'écorce du mélèze est rouge, présente beaucoup d'analogie avec celle des pins, mais elle est beaucoup plus épaisse.

Floraison et fructification. — Le mélèze fructifie à un âge peu avancé, même dans sa région. En plaine, il est plus précoce encore. La floraison, qui est abondante et régulière, a lieu en juin dans sa station, en avril dans la plaine; la maturité des fruits à l'automne; la dissémination quelquefois immédiatement, plus habituellement au printemps suivant. Les cônes vides persistent plusieurs années sur l'arbre. Il faut éviter, lorsqu'on extrait la graine par la chaleur artificielle, d'élever la température au-dessus de 15 à 17 degrés; dans le cas où on dépasse cette limite, la résine agglutine les écailles et s'oppose à la sortie de la graine. Celle-ci est vaine pendant les premières années de fructification, et même lorsque l'arbre est arrivé à l'état de pleine fécondité, il y en a toujours une assez forte quantité qui n'est pas susceptible de lever. Le kilogramme en contient 193,000 à 205,000 lorsqu'elle est fraîche.

Germination et jeune plant. — Elle est susceptible de conserver la faculté de germer pendant 3 ou 4 ans. Néanmoins, il est infiniment préférable de la semer, au plus tard, au printemps qui suit la maturité ; dans ce cas, elle lève au bout de 3 ou 4 semaines. Lorsqu'on veut établir un semis complet en pépinière, il est bon de la faire digérer quinze jours environ dans l'eau. Elle lève ainsi plus vite et plus régulièrement.

Le jeune plant présente 5 à 7 feuilles cotylédonaires ; il donne immédiatement une pousse couverte de feuilles solitaires, qui peut atteindre 10 à 12 centimètres de hauteur. Sa végétation continue à être rapide pendant les premières années.

Sol et Station. — Le mélèze est indifférent quant à la nature du sol ; mais il exige, pour atteindre ses dimensions et sa longévité normales, les hautes régions montagneuses dont l'atmosphère est sèche et froide. C'est aussi là seulement que son bois acquiert les qualités que nous énumérerons plus bas. En France, il n'est indigène que dans les hautes Alpes du Dauphiné et de la Savoie, où on le rencontre à 2,000 mètres et plus, pénétrant dans la région des pâturages alpestres. Il y forme, avec le pin cembro, la limite supérieure des forêts de conifères.

On rencontre très-fréquemment le mélèze planté en plaine ou dans les basses montagnes ; sa végétation est très-rapide, sa fécondité des plus précoces, mais cela aux dépens de la longévité de l'arbre, qui dépérit vers 50 ou 60 ans au plus tard, et de la qualité du bois, qui est mou, léger, sans résistance, ni durée.

Bois. — Le bois du mélèze a un aubier blanc peu abondant; son bois parfait est brun rougeâtre; il présente d'assez nombreux canaux résinifères; ses accroissements sont minces et réguliers; il est fort élastique, d'une grande durée, même à l'air, assez dur. Sa pesanteur est assez élevée : 0,560 à 0,670; aussi est-ce un bois fort recherché pour les grandes constructions civiles et navales. Malheureusement il est souvent fort difficile de l'extraire en grandes pièces des régions élevées et abruptes qu'il habite. C'est un excellent bois de fente pour bardeaux, merrains, etc. On en fabrique des échalas, des tuyaux de conduite d'eaux.

Comme combustible, il dégage beaucoup de chaleur; mais il est d'un emploi désagréable, car il pétille et éclate plus encore que les autres conifères.

Résine. — Le résinage du mélèze se pratique dans le Tyrol et la Carinthie, où il donne ce qu'on appelle la térébenthine de Venise. C'est une opération nuisible à l'arbre, peu productive, que l'on commence à abandonner même dans ces contrées, et qu'il n'y a pas lieu d'introduire en France (1).

GENRE IV. — **Pin.**

Chatons mâles agglomérés à la base des pousses de l'année; chatons femelles très-petits ou verticillés au sommet des mêmes pousses, immédiatement au-dessous du bourgeon terminal. Cône à écailles persistantes, ligneuses, épaissies à leur extrémité. Graines ovoïdes, aplaties, à ailes caduques ; maturation bisannuelle. Feuilles allongées, réunies à leur base par deux, trois ou cinq dans une gaîne écailleuse, persistantes. Bois contenant de nombreux canaux résinifères, à aubier bien distinct.

Le genre pin renferme de fort nombreuses espèces. En France, on en rencontre sept. Nous négligerons le pin pinier, qui est confiné en Provence, où il est plutôt un arbre fruitier qu'une essence forestière ; le pin de montagne et le pin cembro, qu'on ne trouve que dans les régions montagneuses élevées, où le pin cembro est même rare, et nous nous bornerons à l'étude des quatre espèces

---

(1) Voir le Rapport sur une mission forestière en Autriche, par M. Marchand, garde général des forêts. Arbois, 1869.

les plus importantes dont les caractères distinctifs sont énumérés au tableau suivant.

	Feuilles courtes de 5 à 6 centimètres de longueur, d'un vert terne ; cône gris mat, de 2 à 6 centimètres de longueur	PIN SYLVESTRE.
FEUILLES DE 6 A 25 CENTIMÈTRES DE LONGUEUR, D'UN VERT PUR.	Feuilles épaisses, de 10 à 15 centimètres, d'un vert foncé ; cônes luisants, de 5 à 8 centimètres	PIN LARICIO.
	Feuilles grêles, de 6 à 7 centimètres, d'un vert clair ; cônes roux, luisants, de 10 à 12 centimètres.	PIN D'ALEP.
	Feuilles trapues, longues de 10 à 25 centimètres ; cônes roux, luisants, de 14 à 18 centimètres, fortement carénées en travers.	PIN MARITIME.

I. Pin sylvestre. — Feuilles longues de 5 à 6 centimètres, étalées, dressées, d'un vert terne, raides, aiguës, piquantes, un peu rudes sur les bords. Chatons mâles jaunâtres, oblongs. Cônes au nombre de un, deux ou trois à l'extrémité de la pousse sur laquelle ils se produisent, brièvement pédonculés, réfléchis dès la première année, longs de 3 à 6 centimètres, d'un gris mat. Graines petites, de 4 millimètres de long, ovoïdes, aplaties, un peu aiguës, légèrement luisantes, les unes noires, les autres d'un gris clair. Ailes trois fois plus longues qu'elles, roussâtres et rayées de brunâtre. Grand arbre, commun dans les plaines sablonneuses du nord-est, dans les régions montagneuses de toute la France; introduit presque partout par la culture et souvent sur une large échelle, comme arbre forestier.

Le pin sylvestre présente de nombreuses et remarquables variétés dues aux stations très-diverses où on le rencontre. C'est ainsi qu'en France on peut citer le pin sylvestre de Haguenau, à bois bien lignifié, à tiges atteignant de fortes dimensions, mais rarement droites; le pin sylvestre qui croît sur les grès vosgiens, dans les environs de Wasselonne et Dabo, en Alsace, à bois médiocrement lignifié, à tiges de grandes dimensions et parfaitement droites; le pin sylvestre des hautes régions alpestres, à tige très-irrégulière, à feuilles et cônes de dimensions très-réduites. Tout ce que nous avons dit à ce sujet du chêne rouvre trouve entièrement son application pour le pin sylvestre.

Taille et port. — Le pin sylvestre est un arbre de grande taille, atteignant 35 à 40 mètres d'élévation, mais dépassant rarement quatre mètres de circonférence. Lorsqu'il est élevé en massif, sa tige élancée se dénude complétement sans garder trace des verticilles de branches les plus anciens. La cime, d'abord pyramidale et formée de branches régulièrement verticillées, devient, lorsque l'accroissement en hauteur s'arrête, courte, plane, irrégulièrement ramifiée, par suite du développement anormal de quelques branches.

Enracinement. — Dans les sols légers et profonds, le pivot forme la partie essentielle de la racine jusqu'à 30 ou 40 ans, puis les racines latérales prennent le dessus; tout en s'enfonçant dans les autres sols, le pivot s'arrête de très-bonne heure et l'enracinement reste superficiel. Le volume du bois de souche est de 12 p. $^{0}/_{0}$ de celui de la tige et des rameaux.

Feuillage et couvert. — La feuille du pin sylvestre persiste 3 ou 4 ans pendant la jeunesse; 2 ou 3 ans au plus ensuite. Aussi le couvert, d'abord complet, devient-il très-léger. Les détritus de cette essence étant peu abondants, le sol est très-sujet à se dégrader sous les massifs qui en sont exclusivement formés.

Écorce. — L'écorce du pin sylvestre est, à la partie inférieure de la tige, formée de liber et de plaques concaves, d'un brun rougeâtre; elle devient très épaisse avec l'âge. A la partie supérieure au contraire, ces plaques sont remplacées par des membranes continues, d'un roux clair, et de l'épaisseur et de la consistance du papier; elles s'exfolient et l'écorce reste mince.

Floraison et fructification. — Dès 15 ans, lorsqu'il est isolé, le pin sylvestre peut commencer à donner des graines fertiles; dans les massifs, la fécondité est beaucoup plus tardive. Les cônes sont abondants tous les 3 à 5 ans, mais on en trouve presque chaque année. La floraison a lieu au mois de mai ou de juin; la maturité des fruits en septembre ou octobre de l'année suivante, et la dissémination au printemps de la troisième année.

Les graines que l'on extrait des cônes, soit par l'action du soleil, soit par la chaleur artificielle, sont toujours les unes d'un brun noir légèrement luisant, les autres blanchâtres, sans que cette dernière couleur soit un signe de mauvaise qualité. De la graine de couleur uniforme serait celle, de moindre valeur commerciale, de l'épicéa teinte en noir par fraude.

Le kilogramme en renferme 160,000 fraîches et désailées; on peut, à la rigueur, les conserver 3 ou 4 ans, mais il est très-préférable de les semer immédiatement.

Germination et jeune plant. — Semée au printemps, la graine lève au bout de 3 ou 4 semaines avec 5 à 6 feuilles cotylédonaires. La pousse de la première année est simple, pourvue de feuilles solitaires aiguës. Le jeune plant, au bout de l'année, a une tige de 5 à 6 centimètres, et un pivot de 18 à 22 centimètres. Dès la seconde année, à l'aisselle des feuilles solitaires, qui se raccourcissent et deviennent sèches graduellement, commencent à se produire des feuilles plus allongées et groupées par deux. Vers 3 ans, il commence à former des verticilles réguliers de rameaux et sa croissance est très-active.

Station et sol. — On rencontre le pin sylvestre en France, dans les plaines du nord-est, pur ou en mélange avec le chêne, le bouleau, et dans toutes les régions montagneuses, où il n'atteint pas cependant les plus grandes altitudes. Il a été en outre introduit presque partout par la culture. Il préfère, si même il n'exige, les sols siliceux, au repeuplement desquels il convient parfaitement, sauf à introduire plus tard une autre essence, pour conserver le sol qu'il ne protège qu'imparfaitement à mesure qu'il vieillit. Sur les sols calcaires au contraire, il réussit médiocrement et on lui préfère le pin laricio d'Autriche ou pin noir.

Bois. — Le bois du pin sylvestre renferme de nombreux canaux résinifères contenant une térébenthine riche en résine; il présente deux régions bien distinctes : un bois parfait, rougeâtre, très-durable, résistant, et un aubier de la plus mauvaise qualité, très-sujet à se décomposer. Sa pesanteur est très-variable : 0,400 à 0,800, suivant les conditions de végétation et surtout suivant la quantité de résine qui l'incruste.

Le bois de pin sylvestre n'atteint toutes les qualités qui le font rechercher pour la mâture, l'élasticité surtout, qu'en Russie, d'où le nom de pin du Nord qui lui est donné dans le commerce ; dans les plaines du nord-est et les basses montagnes de la France, il est moins élastique, mais encore de fort bonne qualité et très-recherché comme bois de construction, de travail, pour poteaux de télégraphe, etc. Dans les hautes montagnes, il devient plus tendre, moins résineux, de médiocre qualité, par conséquent. C'est un bon combustible fort recherché aujourd'hui, concurremment à celui du pin maritime, par la boulangerie parisienne.

Résine et goudron. — On ne résine pas le pin sylvestre, mais les délinquants extraient quelquefois, de la tige d'arbres encore sur pied, du bois exceptionnellement imprégné de résine, connu sous le nom de bois gras et servant à allumer le feu. On carbonise aussi souvent les souches en vase clos, et l'on obtient, comme produit de la distillation, un liquide visqueux et brun, le goudron.

II. Pin laricio. — Feuilles longues de 10 à

15 centimètres et assez robustes, aiguës et presque piquantes. Chatons mâles jaunâtres, oblongs. Cônes presque sessiles, au nombre de un, deux ou trois, à l'extrémité de la pousse sur laquelle ils se produisent, étalés presque horizontalement, longs de 5 à 8 centimètres, luisants, d'un jaune roussâtre clair. Graines longues de 6 millimètres, d'un gris jaunâtre ou brunâtre, clair et mat, très-légèrement marbrées. Ailes trois à quatre fois plus longues qu'elles, d'un roux brunâtre. — Arbre de taille variable, spontané en Corse, où il est très-commun, dans les Cévennes et les Pyrénées; très-fréquemment cultivé.

Le pin laricio présente, comme le pin sylvestre, des races très-variées, mais beaucoup plus stables. Nous en décrirons deux, le pin laricio de Corse et le pin laricio d'Autriche, connu aussi sous le nom de pin noir. Nous négligerons celui des Cévennes, moins commun à l'état spontané ou cultivé que les deux précédents, et de beauooup plus petite taille.

PIN LARICIO DE CORSE. — **Taille, port et couvert.** — Le pin laricio de Corse peut atteindre 40 mètres de hauteur, sur $4^{m},50$ de circonférence, ce qui est dû à sa grande longévité, car sa croissance n'est pas très-active; sa tige, cylindrique, porte une cime courte, peu développée, formée de quelques grosses branches irrégulièrement ramifiées. Le couvert est très-léger.

Enracinement. — L'enracinement, généralement faible, d'abord pivotant, se compose ensuite de quelques racines traçantes peu étendues.

Écorce. — L'écorce, constituée comme celle du pin sylvestre, est d'un gris argenté.

Station et sol. — Le pin laricio croît sur les sols granitiques, dans les montagnes de la Corse, entre 1,000 et 1,700 mètres d'altitude.

Bois. — Le bois du pin laricio renferme de très-nombreux canaux résinifères, remplis d'une térébenthine très-riche en résine et présente une couche très-développée d'aubier blanc de la plus mauvaise qualité, le bois parfait, rouge ou même brunâtre, a le grain fin; il est dur, très-résineux. Sa pesanteur varie de 0,510 à 0,890; elle est par conséquent très-forte pour un conifère.

Trop lourd et trop peu élastique pour la mâture, il convient parfaitement pour la charpente civile, les traverses, la menuiserie, etc. Il convient toutefois de faire observer que la résine qu'il contient en abondance le rend difficile à travailler, et que les arbres très-âgés peuvent seuls fournir des pièces très-utiles, à cause de la grande épaisseur de l'aubier.

C'est un bon combustible.

Résinage. — On a commencé, depuis quelques années en Corse, à gemmer le pin laricio. Cette opération, qui semble devoir donner des produits abondants et de belle qualité, ne se fera pas toutefois sans ralentir encore la croissance des arbres, et sans exagérer les défauts signalés plus haut chez le bois de cette essence.

PIN LARICIO D'AUTRICHE OU PIN NOIR D'AUTRICHE. — **Taille, port et couvert.** — Le pin noir est un arbre de grande taille, un peu moins élevé cependant que le pin laricio de Corse. Sa tige porte une cime ample, touffue, longtemps ovoïde, pyramidale, puis étalée, formée de branches nombreuses et robustes. Le feuillage qu'elles portent est très-serré, d'un vert très-sombre (d'où le nom donné à cette race), et persistant 5 à 6 ans; aussi le couvert est-il épais.

Floraison et fructification. — Le pin d'Autriche commence à donner des graines fertiles dès l'âge de 30 ans, puis les années de semence se succèdent tous les deux ou trois ans. La floraison a lieu en mai; la maturité des fruits à l'automne de la seconde année; la dissémination des graines au printemps suivant. Les cônes sont plus longs et plus gros que chez les autres races, mais les graines ne peuvent se distinguer.

Station et sol. — Le pin noir croît spontanément en Autriche, sur des montagnes d'altitude ne dépassant pas 1,300 à 1,400 mètres; il affectionne les sols calcaires qu'il améliore par ses abondants détritus. Aussi est-il employé, sur une très-grande échelle en France, pour le boisement des sols de cette nature, les craies de la Champagne notamment, où on l'a substitué avec grand avantage au pin sylvestre.

Bois. — Le bois du pin noir paraît être fort analogue à celui du pin laricio de Corse.

III. Pin d'Alep. — Feuilles longues de 5 à 8 centimètres, situées au sommet des rameaux, très-étroites, peu raides, aiguës, d'un vert clair. Chatons mâles roussâtres, oblongs, peu serrés; cônes solitaires ou groupés au sommet des pousses, portés par un pédoncule épais, réfléchis, d'un rouge brun luisant, longs de 10 à 12 centimètres. Graines de 7 millimètres, grises d'un côté, d'un gris noir mat finement marbré de noir profond, de l'autre. Ailes quatre fois aussi longues qu'elles, roussâtres, légèrement rayées de brun. — Arbre de taille moyenne au plus, très-commun dans les plaines et sur les collines calcaires de la région méditerranéenne.

Taille, port et couvert. — Jusqu'à 20 ans, le pin d'Alep a une cime conique; à partir de cet âge, la cime s'étale et il devient un arbre de 15 à 16 mètres au plus, dont la tige, souvent flexueuse, porte une cime arrondie, écrasée au sommet. Les feuilles persistent rarement plus de deux ans, aussi le couvert est-il très-léger.

Écorce. — L'écorce, d'abord lisse et d'un gris argenté, prend ensuite la structure de celle des pins précédemment étudiés, et devient d'un rouge brun.

Floraison et fructification. — La floraison a lieu au mois d'avril ou de mai; la maturité des fruits, à la fin de l'automne de la seconde année, et la dissémination au mois de juillet ou d'août de l'année suivante.

Bois. — Le bois est de couleur blanchâtre, fauve clair au cœur; c'est un des plus médiocres parmi ceux des pins, d'autant plus qu'il est presque toujours de faibles dimensions. Néanmoins ses produits ont quelque importance pour la région où il croît, et où des essences plus précieuses se contenteraient difficilement des sols calcaires brûlants où il végète. Sa pesanteur varie de 0,532 à 0,866.

Résinage. — On résine le pin d'Alep, mais sans en obtenir des produits aussi importants que du pin maritime en Gascogne.

On commence le résinage lorsque l'arbre a atteint 20 à 30 centimètres de diamètre; et pendant 15 à 20 ans, il peut produire 6 à 7 kil. de térébenthine par an. On pratique dans l'écorce des entailles de 10 centimètres de largeur auxquelles on donne le nom de *surlés*; on les rafraîchit à la partie supérieure jusqu'à ce qu'elles atteignent 1m,60 au moins, puis on en ouvre d'autres. On recueille la térébenthine, que l'on appelle *périnne* vierge, dans les trous creusés en terre à la base des surlés. Quant à la résine qu'on obtient, elle prend le nom de *Raze*. Après l'exploitation on obtient des souches, par distillation, du goudron.

IV. Pin maritime, connu aussi sous le nom de pin de Bordeaux, pin des Landes.

Feuilles longues de 10 à 25 centimètres, épaisses, charnues, d'un vert jaunâtre, légèrement luisantes. Chatons mâles ovoïdes, jaunâtres, longs de

1 centimètre environ. Cônes presque sessiles, réfléchis, oblongs, coniques et aigus, longs de 14 à 18 centimètres, d'un roux vif et luisant. Graine assez grosse, longue de 8 à 10 millimètres, d'un noir luisant uniforme sur une face, d'un gris mat finement marbré de noir sur l'autre; aile quatre fois aussi longue qu'elle, d'un roux brunâtre clair, longitudinalement rayée de violacé. — Arbre de grande taille, commun dans les landes et les dunes du sud-ouest, où il forme les forêts appelées *Pignadas* en Provence, en Languedoc et en Corse. Fréquemment planté dans l'ouest et le centre de la France.

Taille, port et couvert. — Le pin maritime peut devenir un arbre de 30 mètres de hauteur sur 4 mètres de circonférence, à tige régulière, portant une cime pyramidale. Mais le résinage l'empêche de prendre ces fortes dimensions et le déforme beaucoup.

La feuille persiste trois ans; le couvert est assez léger.

Enracinement. — L'enracinement est puissant, formé de racines pivotantes et traçantes.

Écorce. — L'écorce a la même structure que celle du pin sylvestre; elle est épaisse et d'un rouge brique.

Floraison et fructification. — Le pin maritime donne quelquefois, dès quinze ans, des graines fertiles; à partir de l'âge moyen, la fructification devient abondante et continue. La floraison a lieu au mois d'avril ou de mai, la maturité des fruits à l'automne de la seconde année, la dissémination au printemps suivant. Les cônes persistent ensuite un grand nombre d'années sur l'arbre.

Station et sol. — Le pin maritime habite le littoral de l'Océan jusqu'en Bretagne, où il est planté; celui de la Méditerranée. En Corse, du littoral il s'élève dans la région montagneuse jusqu'à 1,000 mètres d'altitude environ.

Il préfère et même paraît exiger les sols siliceux.

Bois. — Son bois, pourvu de très-nombreux et très-gros canaux résinifères, présente un aubier blanc jaunâtre, un bois parfait rouge, à grain relativement grossier, dur, d'une pesanteur qui varie entre 0,523 et 0,769; il est très-durable, mais médiocrement élastique.

Il est fort employé comme bois de charpente et de travail, de fente. C'est un bon combustible.

On considère, avec raison, dans les Landes, le bois provenant d'arbres gemmés comme supérieur à celui qui ne l'a pas été. Cela tient, d'une part, au ralentissement de croissance qui résulte du résinage; d'autre part, à la résine abandonnée dans les tissus par la térébenthine pendant son épanchement au dehors.

Résinage. — Le pin maritime est de toutes les abiétinées l'essence qui fournit les produits résineux les plus importants. Aussi, dans les landes et les dunes de Gascogne, il en existe des forêts considérables destinées à les fournir, et on en plante incessamment de nouvelles dans ce but.

Le pin est propre au résinage ou gemmage dès qu'il a atteint $1^m,20$ de circonférence. On ouvre dans l'écorce, de façon à atteindre l'aubier, une première entaille ou quarre de 10 centimètres de large. La térébenthine vient s'accumuler dans un auget que l'on creusait autrefois à la base de l'arbre, mais qui maintenant est portatif et en terre cuite vernissée. On rafraîchit ensuite, chaque semaine, cette quarre à la partie supérieure, jusqu'à ce qu'elle ait atteint 3 mètres environ, ce qui arrive au bout de 5 ans. On ouvre alors une nouvelle quarre, que l'on conduit de la même façon. On dispose les quarres, soit les unes à côté des autres en laissant un espace de 5 à 6 centimètres entre celle qui est abandonnée et la nouvelle, soit, ce qui est préférable, sur la face opposée de l'arbre, à l'extrémité du diamètre qui passe par la première, la troisième et la quatrième aux deux extrémités d'un diamètre perpendiculaire à ce premier, et ainsi de suite. Un pin peut ainsi être gemmé pendant 150 ans et plus ; c'est ce qu'on appelle gemmer à vie. Quand on doit exploiter prochainement l'arbre, on pratique le gemmage à mort, qui consiste à l'attaquer par toutes ses faces à la fois.

Le gemmage se pratique du mois de mai à la fin de septembre. Un pin vigoureux et isolé, en Gascogne, — car en Provence le gemmage est beaucoup moins productif, — peut fournir 20 à 40 kilog. de produits ; mais cette quantité décroît avec l'épaisseur du massif pour tomber jusqu'à 5 à 6 kilog.

On appelle *résine molle* la partie fluide réunie dans les augets, *galipot* la portion solidifiée le long des quarres et pure des débris d'écorce, *barras,* le galipot impur obtenu en râclant les quarres.

On obtient de ces produits bruts des substances très-variées, fort employées dans l'industrie. Les principales sont la pâte de térébenthine, l'essence de térébenthine, le brai sec ou colophane, le brai gras, le goudron, ce dernier obtenu par la distillation des souches. Le brai gras et le goudron surtout ont une extrême importance, la marine en employant d'énormes quantités comme enduit pour les bois, les câbles, etc.

TABLE DES MATIÈRES.

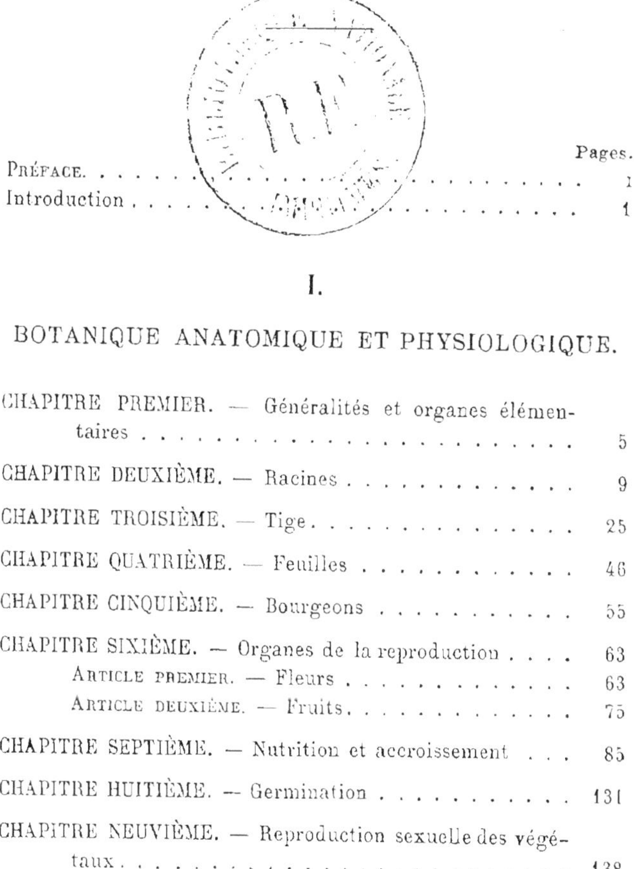

Pages.

I.

BOTANIQUE ANATOMIQUE ET PHYSIOLOGIQUE.

II.

GÉOGRAPHIE BOTANIQUE.

III.

BOTANIQUE DESCRIPTIVE.

Nancy, imprimerie Berger-Levrault et Cie.

EN VENTE A NANCY :

Chez MM. BERGER-LEVRAULT & Cie, libraires, 11, rue Jean-Lamour.

N. GROSJEAN, libraire, 7, place Stanislas.

www.ingramcontent.com/pod-product-compliance
Ingram Content Group UK Ltd.
Pitfield, Milton Keynes, MK11 3LW, UK
UKHW012156240726
13966UKWH00002B/386